最喜欢的家居结艺

● 展坤　主编

辽宁科学技术出版社

· 沈阳 ·

本书编委会

主　编　展　坤

编　委　廖名迪　谭阳春　吴　斌　李玉栋　贺梦瑶

图书在版编目（CIP）数据

最喜欢的家居结艺 / 展坤主编. —沈阳：辽宁科学
技术出版社，2013.5
　　ISBN 978-7-5381-7999-6

　　I. ①最… II. ①展… III. ①绳结—手工艺品—制作
—中国 IV. ① TS935.5

中国版本图书馆 CIP 数据核字（2013）第 065058 号

如有图书质量问题，请电话联系
湖南攀辰图书发行有限公司
　地址：长沙市车站北路 649 号通华天都 2 栋 12C025 室
　邮编：410000
　网址：www.penqen.cn
　电话：0731-82276692　82276693

出版发行：辽宁科学技术出版社
　　　　　（地址：沈阳市和平区十一纬路 29 号　邮编：110003）
印　刷　者：长沙永生彩印有限公司
经　销　者：各地新华书店
幅面尺寸：143mm × 210mm
印　　张：5
字　　数：100 千字
出版时间：2013 年 5 月第 1 版
印刷时间：2013 年 5 月第 1 次印刷
责任编辑：郭　莹　攀　辰
封面设计：颜治平
版式设计：攀辰图书
责任校对：合　力

书　　号：ISBN 978-7-5381-7999-6
定　　价：22.80 元
联系电话：024-23284376
邮购热线：024-23284502

　　中华民族艺术源远流长、博大精深，蕴含着人类独特的文化记忆和民族情感，于历史舞台上世代相承。中国结发展到今天，已由传统的中国结艺，演变为现代的时尚创意中国结。

　　"传播中国民间艺术　缔造民族经典品牌"是我心中的梦想，为了实现这个梦想，创业数年来，一直奔波于市场开发和产品创新的道路上，并将自己的手艺和信念传播于大学、中学、小学，甚至幼儿园和社会各个阶层，经常受邀定期举行民间艺术绳结的公益讲座。培训学员、会员数千人，受到江苏电视台、南京电视台、江宁电视台等多家媒体的报道和宣传。并通过自己产品制造和销售带给部分失业和无法就业的社会闲置人员有份收入的机会。

　　如今传统的中国结艺与现代时尚元素相互结合成为一种时尚手工的流行趋势。在本书中，作者通过扎实的结艺编织基本功及独具匠心的创意理念为我们创造了种类多样的家居结艺饰品。将笔筒、纸筒、花篮、手机袋、钱包、杯垫等传统形式的物品，通过结艺编织的形式展现出来。作品新颖别致，并分别对每个作品进行了详细的步骤分解，全书图片清晰精美，文字介绍简单实用。相信此书一定可以为您呈现一堂实用而新颖的手工课，让您成为结艺编织的佼佼者。

展坤

2013 年 4 月 22 日于南京

CONTENTS

目录

基础知识>>

线材

　　编制结饰时，最主要的材料是线，线的种类很多，包括丝、棉、麻、尼龙、混纺等，都可用来编结，采用哪一种线，得看要编哪一种结，以及结要做何用途而定。一般来讲，编结的线纹路愈简单愈好，一条纹路复杂的线，虽然未编以前看来很美观，但是用来编中国结，不但结的纹式尽被吞没，线本身具有的美感也会因结线条的干扰而失色。

　　线的硬度要适中，如果太硬，在编结时操作不便，结形也不易把握；如果太软，编出的结形不挺拔，轮廓不分明，棱角不突出，但是扇子、风铃等具有动感的器物下面的结，则宜采用质地较软的线，使结与器物能合二为一，在摇曳中具有动态的韵律美。

　　谈到线的粗细，首先要看饰物的大小和质感。形大质粗的东西，宜配粗线；雅致小巧的物件，则宜配以较细的线。譬如壁饰等一类室内装饰品，则用线比较自由，不同质地的线，就可以编出不同风格的作品。

　　选线也要注意色彩，为古玉一类古雅物件编装饰结，线直选择较为含蓄的色调，诸如咖啡色或墨绿色；为一些形式单调、色彩深沉的物件编配装饰结时，若在结中夹配少许色调醒目的细线，譬如金、银或者亮红，立刻会使整个物件栩栩如生、璀璨夺目。

玉线

金线

玉线

4号线

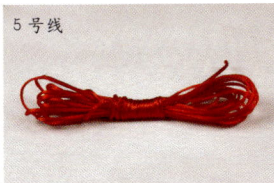
5号线

6号线

工具

　　在编较复杂的结时，可以用珠钉来固定线路。一根线要从别的线下穿过时，也可以利用镊子和锥子来辅助。结饰编好后，为固定结形，可用针线在关键处钉几针。另外，为了修多余的线，一把小巧的剪刀是必备的。

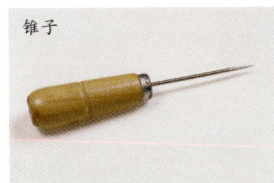
锥子

打火机

尖嘴钳

剪刀

胶棒

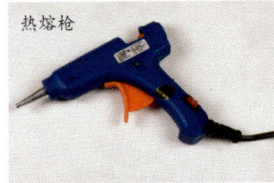
热熔枪

针

珠针

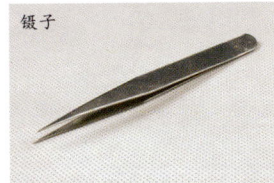
镊子

配饰

一件好的中国结作品，往往是结饰与配件的完美结合，很多结饰用圆珠、管珠镶嵌在结的表面上，还可用各种玉石、金银、陶瓷、珐琅等饰物做坠子。

铜钱

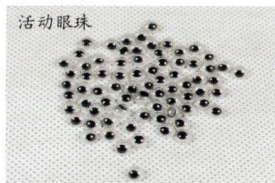
活动眼珠

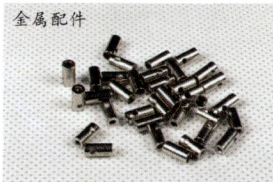
金属配件

金属圈

铃铛

木珠

水晶配饰

头像

玉饰

玉珠

中国结的起源 ::::::::

中国结显示了中华古老文明中的情致与智慧；是人类世代繁衍的隐喻；也是数学奥秘的游戏呈现。它始于先民的结绳记事，有着复杂曼妙的曲线，有着飘逸雅致的韵味，却可以还原成最单纯的二维线条。

1. 结绳记事

人们常常讨论的结绳记事，实际上是"结"在人类发展史上曾有过的另一重要作用。据《易·系辞》载："上古结绳而治，后世圣人易之以书契。"东汉郑玄在《周易注》中道："结绳为记，事大，大结其绳，事小，小结其绳。"

斗转星移，数千年弹指一挥间，人类的记事方式已经历了绳结与甲骨、笔与纸、铅与火、光与电的洗礼。如今，小小彩绳早已不是人们记事的工具，但当它被编成各式绳结时，却复活了一个个古老而美丽的传说。

2. 中有千千结

宋代词人写过"心似双丝网，中有千千结"。形容失恋后的女孩子思念故人、心事纠结的状态。在古典文学中，"结"一直象征着青年男女的缠绵情思，人类的情感有多么丰富多彩，"结"就有多么千变万化。

"结"在漫长的演变过程中，被多愁善感的人们赋予了各种情感愿望。

3. 服饰之结

让我们再纵观中华服饰五千年的历史。从先民用绳结盘曲成"S"形饰于腰间始，历经了周的"绶带"，南北朝的"腰间双绮带，梦为同心结"到盛唐的"披帛结绶"、宋的"玉环绶"直至明清旗袍上的"盘扣"及传世的荷包（香囊）、玉佩、扇坠、发簪等无不显示了"结"在中国传统服饰中被应用的历时之久、包罗之广。

4. 吉祥的"音结"

中国结的取意如其他中国艺术般多利用形态、谐音而取其意，如用"吉字结"、"磬结"、"鱼结"结合就成为"吉庆有余"的结饰品，以"蝙蝠结"加上"金钱结"，可组成"福在眼前"等。以此类推又延出了"长寿安康"、"财物丰盛"、"团圆美满"、"幸福吉祥"、"喜庆欢乐"等祈福的内涵，被作为民间祝祷的符号，成为世代相传的吉祥饰物。

5. 神灵之结

中国结中还有一类被认为是通神灵的法物，可达到驱邪避灾、镇凶纳吉、去阴护阳等功效，如"吉祥结"、"盘长结"等，这类"结"作为凝聚着神秘宗教观念的护身符，在民间得以广泛的应用，并形成一定的传承机制。这大概也是之所以"结"文化生生不息的缘故之一吧。

6. 时尚之结

中国结的形式多为上下一致、左右对称、正反相同、首尾可以互相衔接的完整造型。一根数尺见长的彩绳通过绾、结、穿、缠、绕、编、抽等多种工艺技巧，严格地按照一定的章法循环有致、连绵不断地编制而成。

如今巧手的人们看中它东方文化的巧妙神韵，将它重新编制成项链、手镯、耳坠、头饰、发夹等诸如此类的服饰配件，发挥其作为典雅饰品的独特价值。

中国结的演变 ◆◆◆◆◆◆

中国结就像中国的书画、雕刻、陶瓷、菜肴一样，很容易被外国人辨认出来，可见中国结对中华民族的文化具有代表性。

中国结艺是中国特有的民间手工编结艺术，它以其独特的东方神韵、丰富多彩的变化，充分体现了中国人民的智慧和深厚的文化底蕴。在北京申办奥运会的过程中，中国结作为中国传统文化的象征，深受各国朋友的喜爱。

中国人很久前便学会了编结，而且结也一直在中国人的生活中占了举足轻重的地位，结之所以具有这样的重要性，主要的原因是因为它是一种非常实用的技术。

早在旧石器时代末期，也就是周口店山顶洞人文化的遗迹中，发现有骨针的存在。既然有针，那时便也一定有了绳线，故由此推断，当时简单的结绳和缝纫技术应已具雏形。

1. 文字的前身

文字的前身

文字的起源是上古社会的物质生产和社会发展到一定程度的产物，文字起源于结绳记事，是文字起源说之一。在战国铜器上所见的数字符号上还留有结绳的形状，绳结确实曾被用作辅助记忆的工具，也可说是文字的前身。

2. 穿着的习惯

①服装

最早的衣服没有今天的纽扣、拉链等配件，所以若想把衣服系牢，就只能借助将衣带打结这个方法。

②玉配

中国人一向有佩玉的习惯，历代的玉佩形制如玉璜、玉珑等。在其上都钻有小圆孔，以便于穿过线绳，将这些玉佩系在衣服上。

③应用

古人有将印鉴系结佩挂在身上的习惯，比如流传下来的汉印，方方都带有印钮。而古代铜镜背面中央都铸有镜钮，可以系绳以便于手持。由这两个器物不难看出，绳结在中国古代生活中的应用相当广泛。

④妇女装饰

东晋大画家顾恺之所绘《女史箴》图卷相当真实地反映了当时的社会风貌，我们可以由画中了解当时妇女装饰。例如在画中仕女的腰带上，就发现有单翼的简易蝴蝶结作为实用的装饰物。

3. 近代：结绳艺术

到了清代，绳结发展至非常精妙的水准，式样既多，名称也巧，将这种优美的装饰品当成艺术品一般来讲究。在曹雪芹著的红楼"白玉钏亲尝莲叶羹，黄金莺巧结梅花络"中，有一段描述宝玉与莺儿商谈编结络子（络子就是结的应用之一）的对白，就说明了当时结的用途，饰物与结颜色的调配，以及结的式样名称等问题。结在当时用处很广，比如亲友间喜庆相赠的如意，件件都缀有错综复杂、变化多端的结及流苏。日常所见的轿子、窗帘、帐钩、扇坠、笛箫、香袋、发簪、项坠子、眼镜袋、烟袋以及书画挂轴下方的风镇等日用物品上，也都编有美观的装饰结，有时候这些结还另具吉祥的含义。

4. 现今：中国结艺

悄悄地，中国风刮了起来。于是，街头巷尾，我们常常会看见时髦的女孩子身着传统的中式衣服：精致的盘扣、织锦的质地，让人一望之下，隐约品到了远古的神秘与东方的灵秀，遐想一番。

于是，我们看见了那散发着传统芳香的中国结艺也许是沉淀得太久，她的古色古香，不禁让人神往。

悠久的历史和漫长的文化沉淀使"中国结"蕴涵了中华民族特有的文化精髓。它展示的不仅是美的形式和巧的结构，更是一种自然灵性与人文精神的表露。因此，对传统"中国结"工艺的继承和发展是极有意义的。

实用中国结 >>

单平结 ·····

　　单平结是平结的基本结体之一，编出的结体是扭转的，成螺旋上升状，多用来编织项链、手链等。平，有和平、平等的寓意，同时又有征服、稳定的含义。

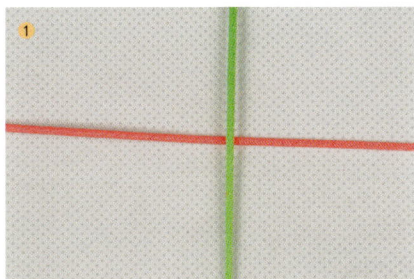

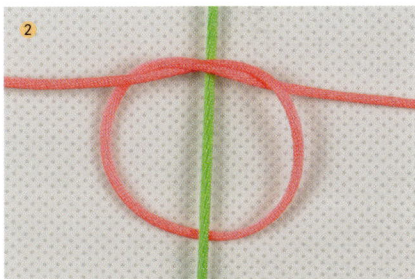

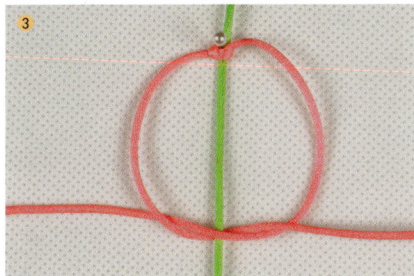

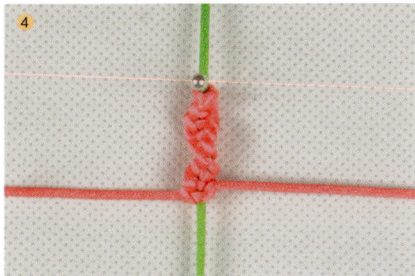

制作过程

1. 取 2 根线交叉如图摆好。
2. 红色线两端以绿色线为辅助线绕圈，相向压 2 挑 1，然后拉紧。
3. 红色线两端相向压 2 挑 1，线的走势不变，步骤同上。
4. 编至适合长度即可。

双平结 ::::::

　　双平结，结体扁平笔直，又称为本结、驹结、坚结等，在日常生活中使用较广泛，常用来编织手链、项链等，可以作为连接2条绳索时使用。

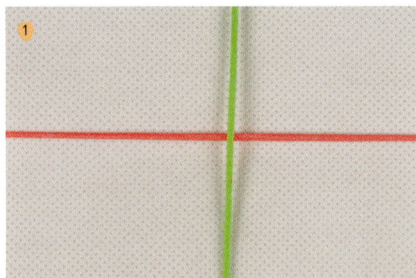

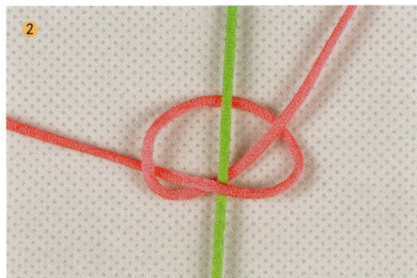

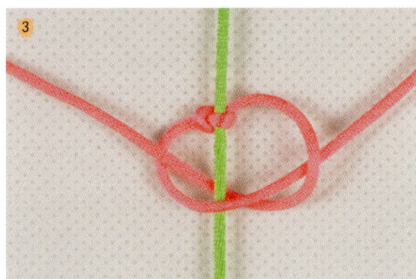

制作过程

1. 将线如图交叉摆好。
2. 先编1个单平结，左线在辅助线上，右线在辅助线下。
3. 拉紧，左线压辅助线挑右线，右线挑辅助线压左线。
4. 拉紧重复编至适合长度。

双钱结 ⋯⋯⋯

　　双钱结又称金钱结或双金钱结，形似两枚古钱相叠，故得此名，象征好事成双，"双钱"与"双全"音相近，所以又有"双全"的美好含义。

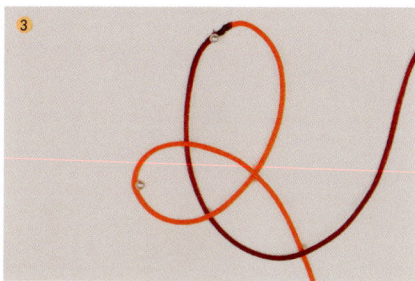

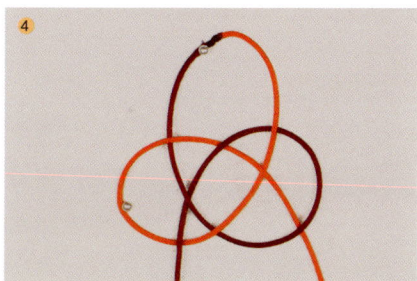

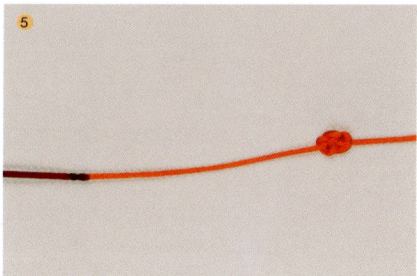

制作过程

1. 线如图摆放。
2. 黄色线绕圈压红色线。
3. 红色线压黄色线。
4. 再挑1压1，挑1压1。
5. 拉紧两线，整理即可。

流苏

流苏在中国结的很多挂饰中都是必不可少的，在结饰的尾端加上流苏，增添流动的美感。

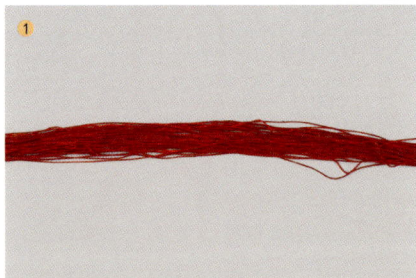

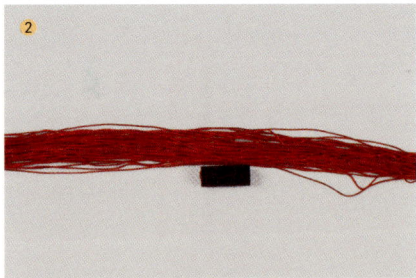

制作过程

1. 准备 1 束流苏线。
2. 将流苏管的一端对准流苏线的中间位置摆好。
3. 用 1 根线在流苏线的中间位置打结，流苏管放流苏线的中间。
4. 提起流苏管，让流苏线自然下垂，在流苏线的上端绕线，完成。

双联结 ::::::::

　　双联结是较实用的结，因为它的结形小巧，且不易松散，做挂饰类的作品时，双联结应用得最广泛。

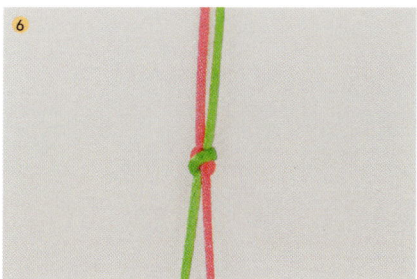

制作过程　　1. 取2根线对接。2. 对折，红色线、绿色线齐走线绕圈。3. 绿色线从绿色圈中穿过。4. 红色线从两线圈中穿过。5. 红色线圈往左翻开成2个圈。6. 拉紧整理，完成。

吉祥结 ﹕﹕﹕﹕﹕

　　吉字有美好、吉利之意；祥字则有福善之意。因此吉祥多为颂祝之词，表示祥瑞、美好之意。

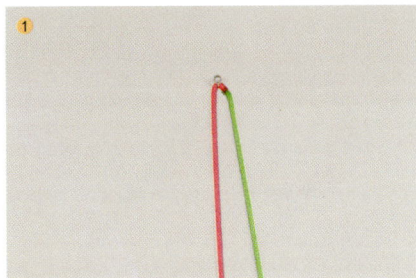

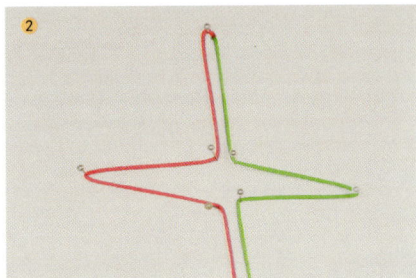

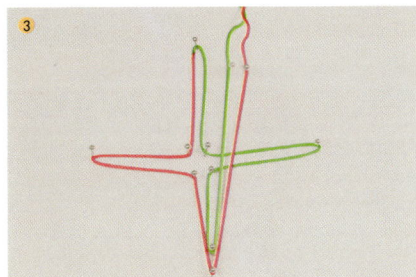

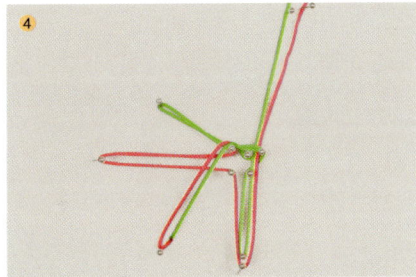

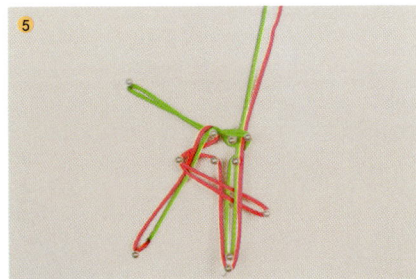

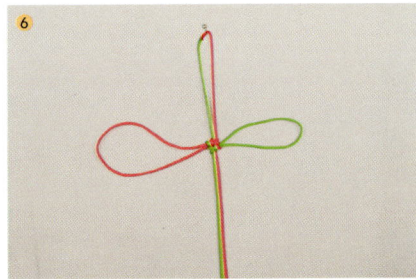

制作过程　　1. 取 1 根线摆好。2. 用珠针分出 4 边。3. 尾线对折压右边的线圈。4. 绿色线圈和中间的线圈依次分别逆时针压 2 个线圈。5. 红色线圈压 2 个线圈，从尾线形成的线圈中穿过。6. 拉紧 4 个耳翼，用同样方法再做 1 遍，拉紧即可。

金刚结 ········

　　金刚结代表金玉满堂、平安吉祥。金刚结外形与蛇结相似，但蛇结容易摇摆松散，而金刚结更牢固、更稳定。

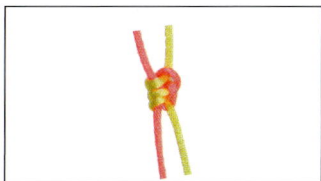

制作过程

1. 黄色线挑红色线逆时针绕圈。
2. 红色线往左压黄色线。
3. 红色线绕圈挑 2 压 2。
4. 黄色线挑红色线。

5. 黄色线绕圈压 2 挑 2。

6. 重复步骤 2、3、4、5，然后拉紧。

7. 用同样的方法可编出连续的金刚结。

8. 调整，收紧结体。

六耳团锦结 ::::::

团锦结的耳翼成花瓣状，又称花瓣结。本结造型美观，自然流露出花团锦簇的喜气，可在结心镶上宝石之类的饰物，更显华贵，是一个吉庆祥瑞的结饰。

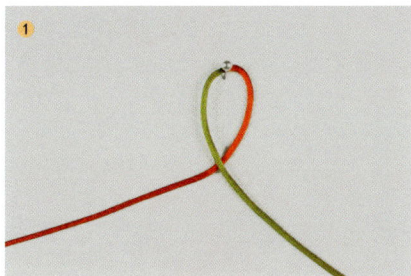

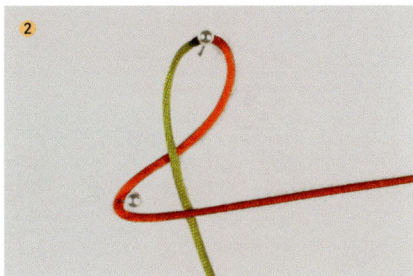

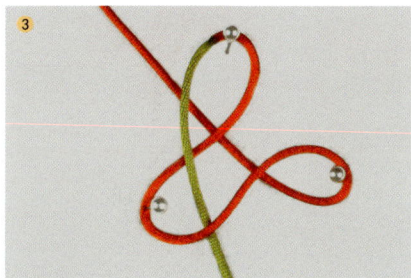

制作过程

1. 黄色线逆时针旋转压橘色线形成 1 个圈。
2. 橘色线压黄色线。
3. 橘色线挑 3 根线。
4. 橘色线压 3 根线。

5. 橘色线挑 4 压 1。

6. 橘色线折回拉压住下面。

7. 黄色线挑 2 如图形成 1 个线圈。

8. 黄色线逆时针旋转形成 1 个线圈，如图压 2 挑 2。

9. 黄色线再挑 2 压 3 挑 1。

10. 接着从 2 圈里穿过。

11. 去掉珠针整理。

12. 黄色线对折在橘色线的左边挑黄色线。

13. 拉紧调整形状。

梅花结

因外形像梅花而得名，多用于胸花、发夹。梅花在冬春之交开放，率先报春的来临，自古以来被视为吉祥之花。

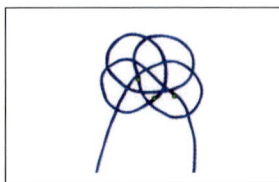

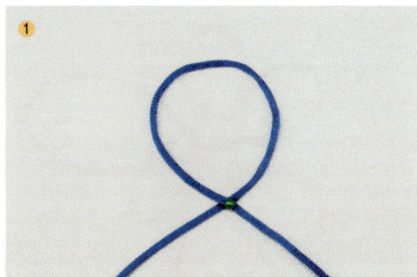

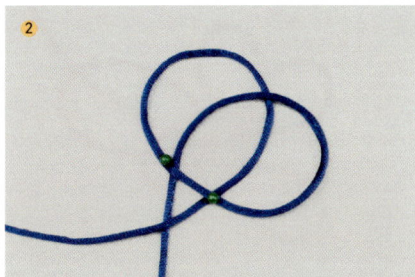

制作过程

1. 取 1 根线如图绕 1 个圈。
2. 余线压 1 挑 2。
3. 余线挑 1 压 2 挑 1。
4. 余线如图依次穿出，作品完成。

盘长结

盘长为"八宝"中的第八品佛，俗称八吉，象征连绵长久不断。盘长是肠形，象征连绵不绝，寓意长久不断。

盘长结纹理分明、造型有特色，常以单独结体装饰在各种器物上面。学会基本盘长结，可应用此技法制作各种更为精致复杂的盘长结。

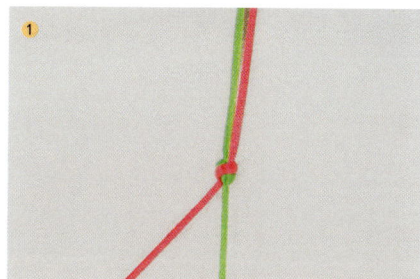

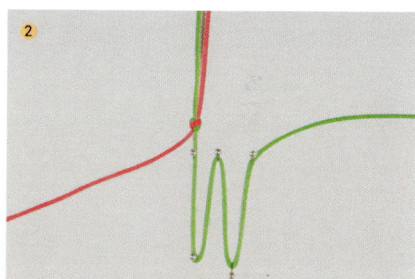

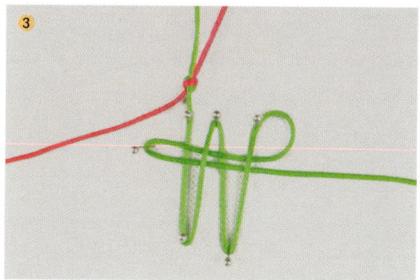

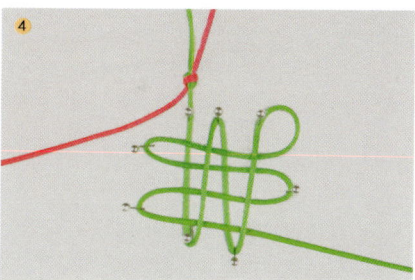

制作过程

1. 先用线编 1 个双联结作为开头。
2. 用绿色线走 4 行线。
3. 绿色线如图绕圈，挑 1 压 1、挑 1 压 1，对折压 1 挑 1、压 1 挑 1。
4. 对折挑 1 压 1、挑 1 压 1，对折压 1 挑 1、压 1 挑 1，（同步骤 3）。

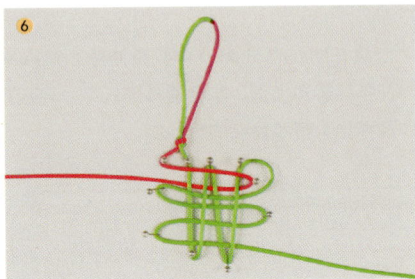

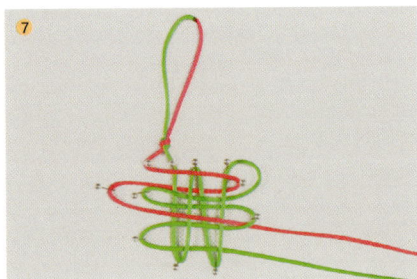

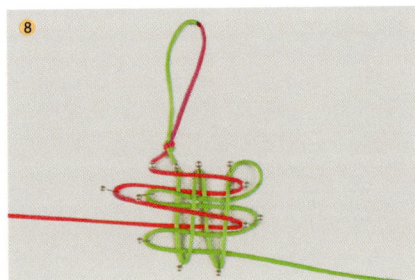

5. 红色线如图压 4 行绿色线。

6. 红色线对折挑 4 行绿色线。

7. 红色线对折压 4 行绿色线。

8. 红色线再对折挑 4 行绿色线。

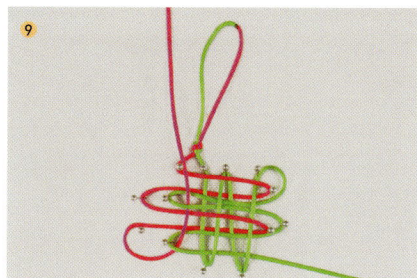

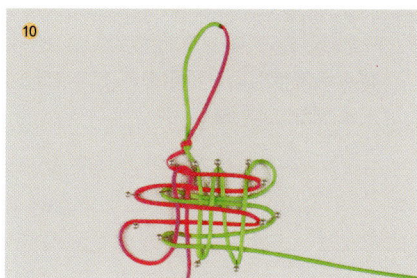

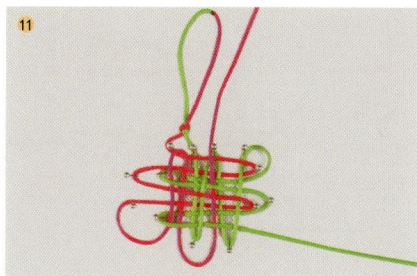

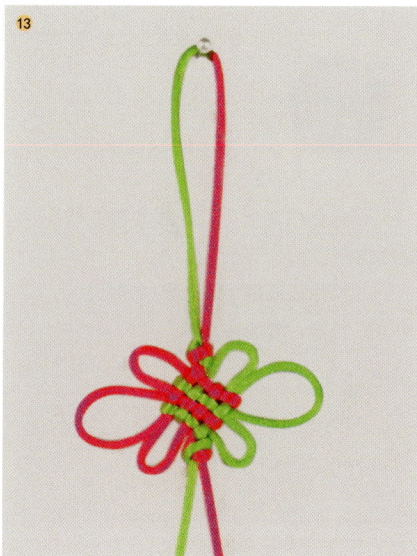

9. 红色线如图绕圈挑1压3、挑1压3。

10. 红色线对折挑2压1、挑2压2挑1。

11. 红色线对折挑1压3、挑1压3。

12. 红色线再对折挑2压1、挑3压1挑1。

13. 拉出6个耳翼并整理，在下方编1个双联结固定。

雀头结

雀头结简单实用，可用来连接饰物或固定线头，也可用来做饰物的外圈。

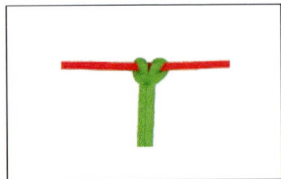

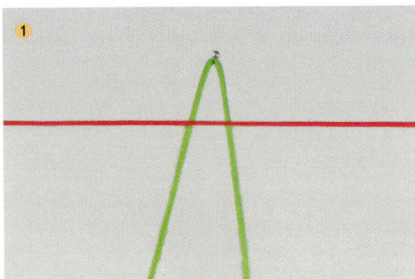

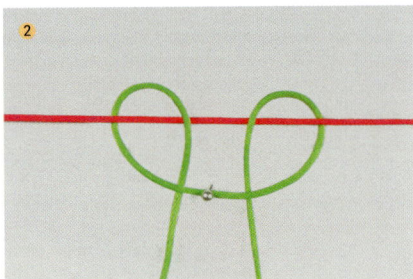

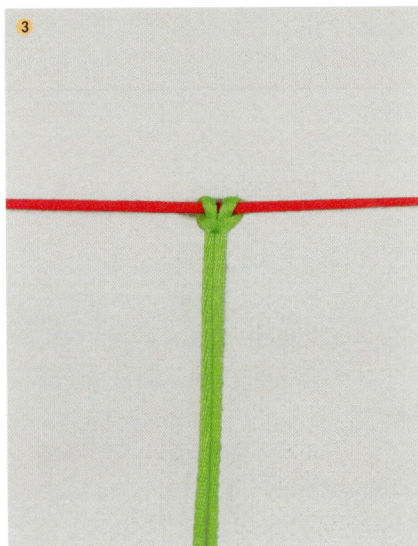

制作过程

1. 绿色线对折，红色线为辅助线压绿色线。

2. 绿色线圈翻下来，尾线挑线圈。

3. 拉紧，即成雀头结。

两股辫子 ░░░░░░

　　此结简单易学，常用于结尾的修饰。此结也常用于项链、腰带、手链的编织，简单又不失美观。

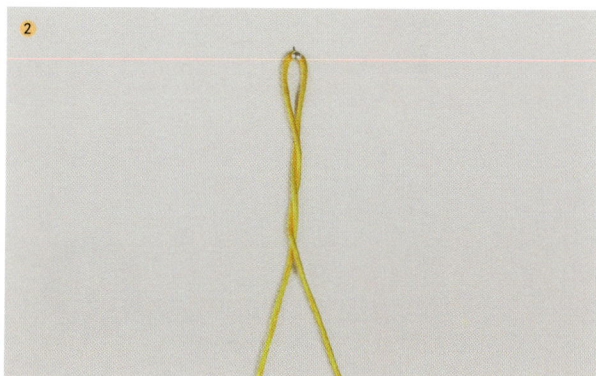

①

②

制作过程

1. 将线对折。
2. 往同一方向搓 2 根线，然后重复这个步骤。

三股辫子 ◆◆◆◆◆◆◆

　　三股辫子结时以左右线交叉编结法编成的，是一种简单常用的结体，常用于编织项链、手链等。

制作过程

1. 取3根线，上端绑好。
2. 绿色线压红色线。
3. 橘色线压绿色线。
4. 红色线压橘色线。
5. 用同样方法连续编至适合长度即可。

四股辫子 ::::::::

　　四股辫子结又称旋转结，四线相互缠绕，轮回旋转，形态美观，人们常用它来寓意人生的喜怒哀乐。

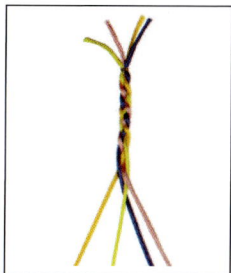

制作过程

1. 取 4 根线，上端固定。
2. 4 根线如图挑压。
3. 步骤不断重复。
4. 编至适合长度即可。

蛇结

蛇结象征金玉满堂、平安吉祥。蛇结形如蛇骨体，结体稍有弹性，可以左右摇摆，花式简单大方，常用来编织项链、手链等。

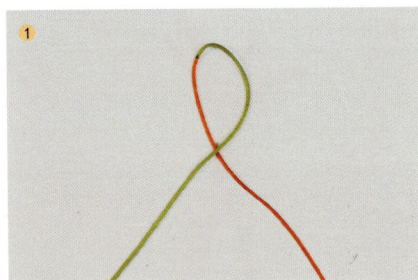

制作过程

1. 绿色线压黄色线。
2. 黄色线往上绕过来。
3. 绿色线拉过来挑2压1。
4. 调整拉紧即可。

单线纽扣结 ⋮⋮⋮⋮⋮

　　纽扣结最初用于中国古代的服饰中，是一种既实用，又具装饰性的结饰。单线纽扣结是由线的一头编织而成，多用于编织项链、手链、耳环作点缀，以增加结饰的美感。

制作过程　1. 红色线绕圈压绿色线。2. 红色线绕圈压绿色线，压红色线。3. 绿色线压红色线。4. 绿色线依次挑红色线、压红色线，挑绿色线、压红色线。5. 绿色线绕圈挑红色线从圈中穿出。6. 将线收紧即成。

双线纽扣结 ::::::::

　　双线纽扣结一般用于固定线头，所以可用在一些结饰的开头，也可用于收尾。常用此结来编织手链、项链等。

制作过程

1. 线如图摆好，顺时针形成 1 个圈。
2. 红色线再顺时针绕 1 个圈。
3. 绿色线挑 1 压 1 挑 1。
4. 红色线如图绕圈。

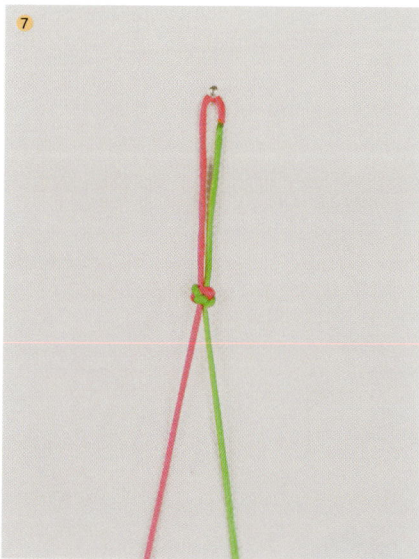

5. 红色线走势如图。

6. 绿色线如图绕圈。

7. 收紧结体，整理完成。

索线结 ⋮⋮⋮⋮⋮

索线结简单实用，是缩短绳子长度的最好办法。常用于组合结的开头或者结尾。

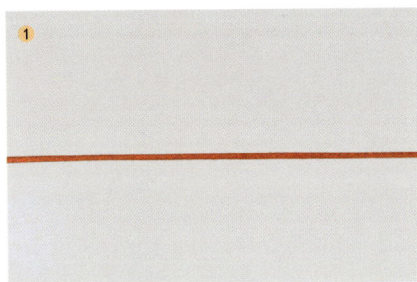

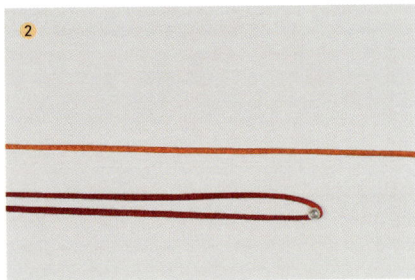

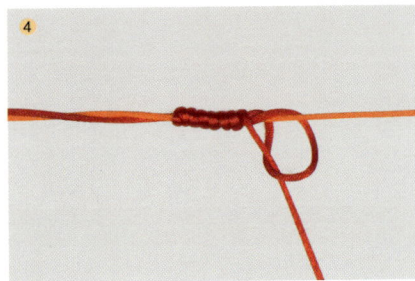

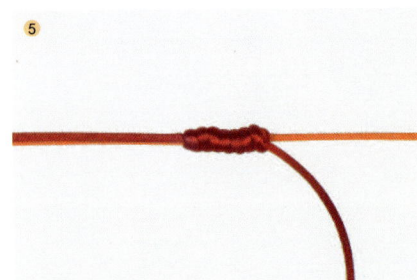

制作过程

1. 取黄线做辅助线。
2. 红色线如图摆好。
3. 取红色线一端如图缠绕几圈。
4. 线头塞进红色线圈。
5. 拉紧被缠绕的红色线。

斜卷结 :::::::

因结倾斜故名斜卷结，是常用的立体结，简单易懂。可编织出多种造型别致的结体，如花卉、昆虫、手链、项链等。

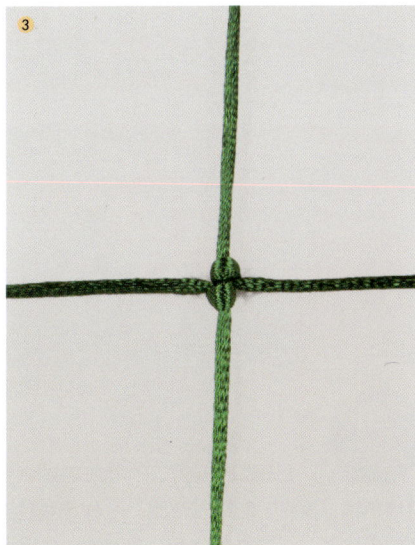

①

②

③

制作过程

1. 取 1 根线为轴。

2. 另 1 根线以轴为中心绕圈，同理绕第 2 圈。

3. 拉紧即可。

酢浆草结

酢浆草结在中国古老结饰中，本结的应用很广，即是取其结形美观，易于搭配其他结式且寓意幸运吉祥。本结也可编成四叶、五叶等不同数目耳翼的结式。

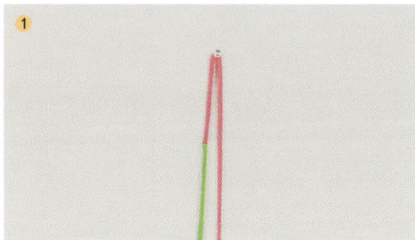

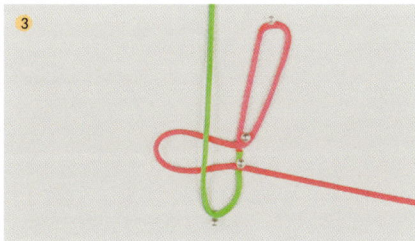

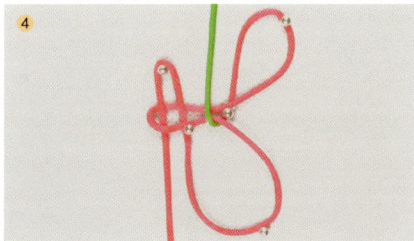

制作过程

1. 将线如图摆好。2. 将红色线绕圈挑绿色线，再对折形成 1 个圈。3. 绿色线往上压红色线圈。4. 红色线绕圈，再从左边的圈中穿过。5. 红色线绕圈，再压 1 挑 3 压 1。6. 红色线对折压 3 挑 1。7. 将线拉紧，调整好，完成。

中国结作品 >>

斜卷结笔筒 ::::::

　　梦幻的紫色与柔和的米色，烘托温馨气息。打破书房、办公室的古板与沉寂，学习、工作的气氛更轻松，心情也随之改变，装点美丽人生。

材料:

米色5号线：50cm1根　250cm12根　100cm2根

紫色5号线：250cm12根

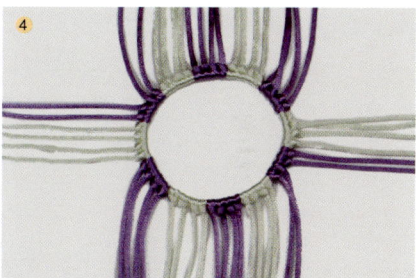

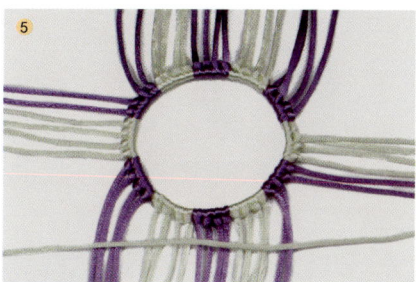

制作过程

　　1~2. 取 1 根 50cm 长的米色 5 号线做轴线，长 250cm 的米色 5 号线和紫色 5 号线共 24 根对折以雀头结挂在轴线上。

　　3. 颜色分布如图。

　　4. 挂完后将轴线两端剪断烧黏对接。

　　5~6. 另取 1 根 100cm 长的米色 5 号线做轴，其余为绕线编 1 层斜卷结。

7. 编完后轴线两端剪断烧黏对接。

8~9. 米色线如图各编 1 层双平结。

10~11. 紫色线如图拉过来做轴，编 2 层斜卷结。

12. 用同样方法编另一边。

13. 编完 1 圈后，放入纸筒参考大小。

14~15. 如图继续编 1 层双平结。

16. 重复步骤 7、8。

17. 以此类推往下编，并加入笔筒撑型。

18~19. 将米色线做轴，紫色线做绕线，继续编 2 圈。

20. 将颜色换过来再编 2 圈。

21. 另取 1 根 100cm 长的米色 5 号线做轴，其余为绕线编斜卷结。

22. 共编 2 层。

23~24. 剪掉余线烧黏，一个既实用又漂亮的笔筒就完成了。

蓝色花瓶 ┈┈┈┈┈

由吉祥结、斜卷结组合编制而成的作品。纯净的蓝秀丽清新，放入漂亮的花朵，装扮美丽的居家环境。

材料:

蓝色 5 号线：200cm6 根

浅蓝色 5 号线：400cm1 根（轴线）200cm6 根

白色 5 号线：200cm12 根

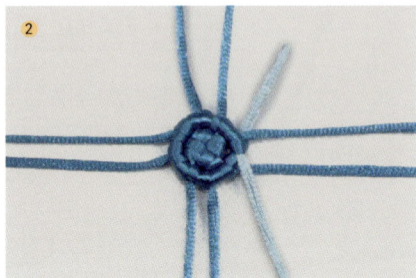

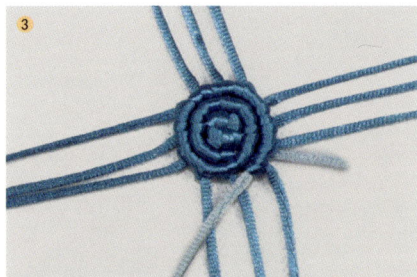

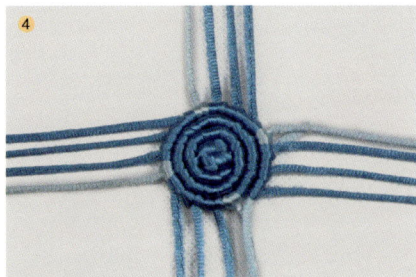

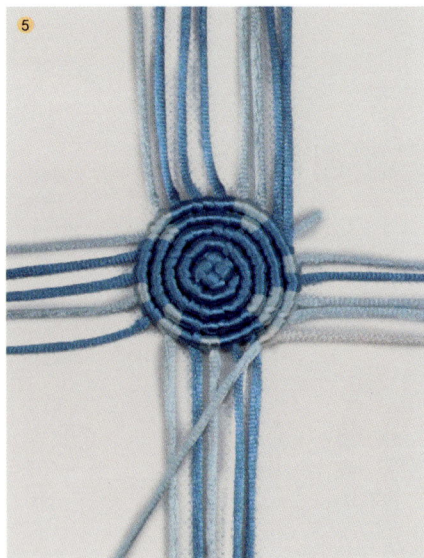

制作过程

1. 取 4 根 200cm 长的蓝色 5 号线编 1 层吉祥结。

2. 另取 1 根 400cm 长的浅蓝色 5 号线做轴，编 1 层斜卷结。

3. 第 2 层编 2 根线加 1 根蓝色 5 号线（所有加线须对折）。

4. 第 3 层编 3 根加 1 根浅蓝色线。

5. 第 4 层编 4 根加 1 根浅蓝色线。

6. 第 5、6 层编 3 根加 1 根 200cm 长的白色 5 号线。

7. 不加不减线继续再编 6 层左右。

8~9. 开始加线。编 3 根加 1 根。

10~11. 继续按步骤 8 加线。加到 6 层左右。（除轴线外，其余线的长度都是 200cm，每次加线的时候都是将线对折，相当于变成 2 根 100cm 的线。）

12. 不加不减线再编 7~8 层。

13. 开始收线，编 3 根收 1 根。

14~15. 共收 7~8 层。

16. 再5根收1根，编4或5层。

17. 不加减线继续编3~4层。

18~19. 开始加线，编4根线加1根线，继续编4层左右。

20. 剪掉余线烧黏，作品完成。

花朵宠物链 ::::::

美丽的花朵，配上可爱的宠物萌萌的表情，怎能让人不喜爱呢！

材料：

红色 5 号线：20cm2 根　50cm2 根

黄色 5 号线：10cm2 根　80cm1 根

绿色 5 号线：80cm1 根　500cm1 根

制作过程

1. 用 2 根 10cm 长的黄色 5 号线如图编 2 个纽扣结。

2. 用 2 根 50cm 长的红色 5 号线编 2 个三层梅花结，另 2 根 20cm 长的红色 5 号线编 2 个两层梅花结。

3. 用纽扣结将梅花结如图依次穿好备用。

4. 另取 1 根 80cm 长的黄色 5 号线和 1 根 80cm 长的绿色 5 号线编金刚结做项圈。

5~6. 编至合适长度穿上做好的两朵花。

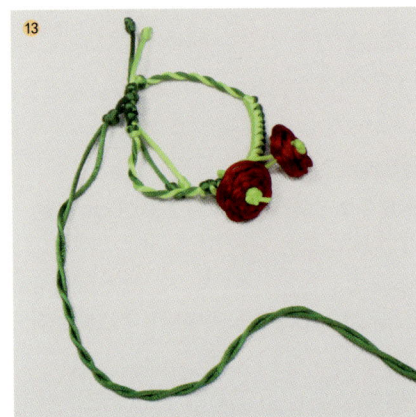

7. 两端再编两股辫，编至适合长度，用双联结固定。

8. 两边主线交叉，另取 1 根线编几组双平结。

9~10. 编完后，编线剪断烧黏。

11. 余线各编 1 组索线结。

12. 余线剪断烧黏。

13. 另取 1 根 500cm 长的绿色 5 号线穿过项圈对折编双联结，将 2 根线编两股辫成绳子，完成。

铃铛宠物链┈┈┈

　　由双平结、吉祥结、斜卷结、双联结、雀头结组合编制的作品，美观、精致，蕴含美好的祝福。给宠物编织一个漂亮的铃铛宠物链吧！

材料:

颈套　红色 5 号线：50cm2 根

　　　蓝色 5 号线：150cm2 根

铃铛　黄色 5 号线：100cm14 根

　　　紫色 5 号线：100cm14 根

　　　轴线（颜色随便）：120cm2 根

牵绳　蓝色 5 号线：400cm1 根

　　　紫色 5 号线：100cm1 根

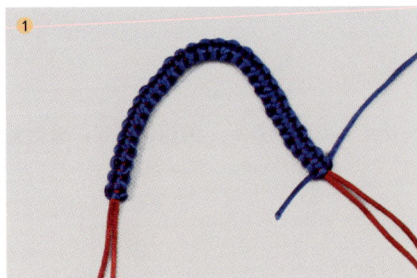

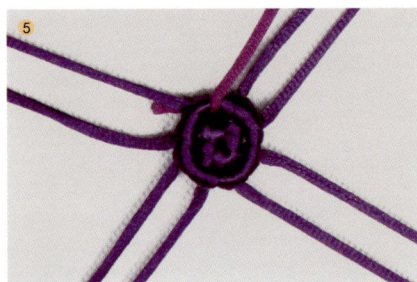

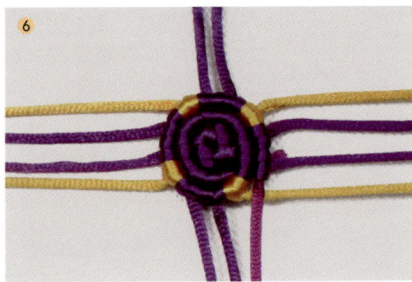

1

2

3

4

5

6

制作过程

1. 取 50cm 长的红色 5 号线 2 根做轴，另取 1 根 150cm 长的蓝色 5 号线编双平结，长度根据宠物脖子的粗细而定。

2~3. 蓝色 5 号线编到合适长度剪断烧黏，红色 5 号线交叉合并继续做主线，另取 1 根 10cm 长的（用之前剪断的余线即可）蓝色 5 号线编 6~8 个双平结。

4. 编铃铛。另取 4 根 100cm 长的紫色 5 号线编 1 层吉祥结。

5. 另取 1 根 120cm 长的 5 号线做轴线，编 1 层斜卷结。

6. 第 2 层每隔 2 根加 1 根黄色 5 号线。

7. 继续再编3层，不加减线。

8. 第6层，每编3根线加1根线。

9. 第7、8、9层仍然每编3根线加1根线。

10. 剪掉余线烧黏。

11. 用同样方法编好另一个铃铛。

12. 如图将红色主线塞进铃铛。

13~14. 红色 5 号余线编 1 个双联结，然后剪断烧黏。

15. 另取 1 根 400cm 长的蓝色 5 号线穿过项圈对折编双联结。

16. 将对折后的 2 根蓝色 5 号线继续编两股辫子（搓绳）。

17~18. 手柄用 100cm 长的紫色 5 号线编雀头结，编到合适长度，剪断余线烧黏。作品完成。

炫色宠物链

炫丽的色彩，带着对它的多彩祝福。

可爱的小宠物，你在和我捉迷藏吧，不要躲在草丛中哦，我看到你了，漂亮的宠物链"出卖"了你。

材料:

蓝色 5 号线：100cm2 根 200cm1 根

黄色 5 号线：100cm1 根 200cm1 根 30cm2 根 10cm1 根

绿色 5 号线：100cm1 根

玫红色 5 号线：30cm6 根

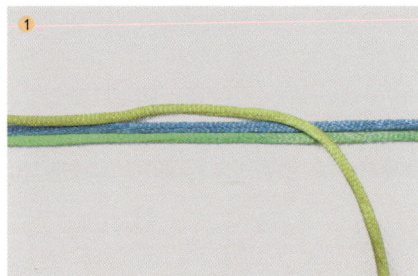

制作过程

1~2. 取 100cm 长的蓝色、黄色、绿色 5 号线各 1 根，其中 2 根绕编在另一根上。

3~4. 将最上面的绕线往下拉做轴，另外 2 根做绕下编 1 层斜卷结，往下以此类推。

5~6. 编至合适长度（根据宠物脖子宽度而定），每边剪掉 1 根线。

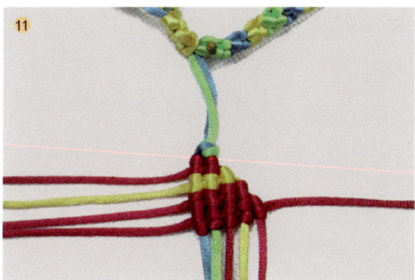

7~8. 余线交叉合并做轴，另取 1 根 10cm 长的黄色 5 号线编 5~6 个双平结，然后剪掉余线烧黏。

9. 轴线在 3cm 处各编 1 个双联结。

10. 另取 4 根 30cm5 号线，绕编在 2 根轴线上。（颜色部分如图）

11~12. 依次将绕线往下拉做轴编斜卷结，两边方法一样。

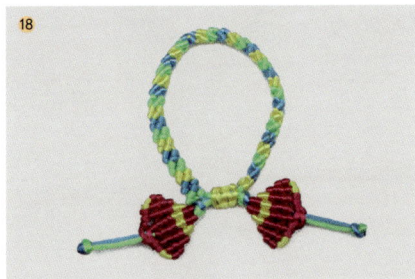

13. 最后 1 根轴线往中间拉继续做轴编斜卷结,中间编 1 层双平结。

14~15. 剪掉余线烧黏,中间轴线编 1 个双联结,再剪断烧黏。

16. 用同样方法做出另外一边。

17~18. 拉紧是蝴蝶结的效果,松开两边是条小鱼。

19. 另取 200cm 长的蓝色和黄色 5 号线各 1 根编 13 层左右的金刚结。

20. 一边各剪掉 1 根线,将之前编好的项圈套进去编 1 个双联结。

21~23. 余线再编 3 层金刚结,然后将 2 线搓绳,搓到合适长度再编 1 个双联结。

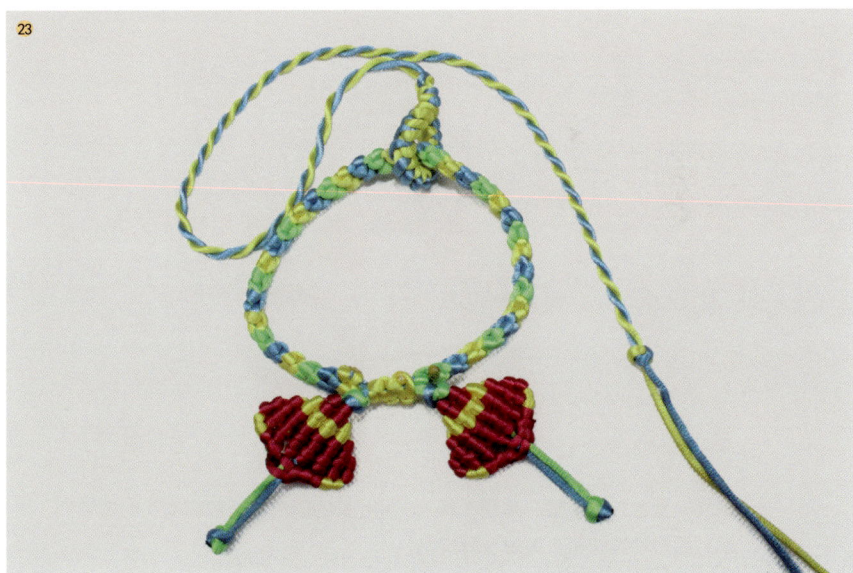

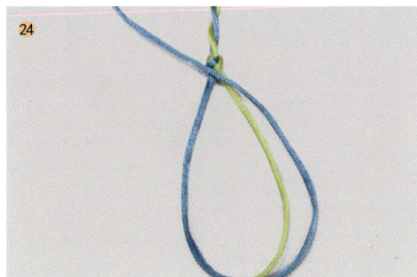

24~25. 余线交叉合并做个圈，另取 1 根 100cm 长的蓝色 5 号线编雀头结做手柄。

26~27. 编完后将轴线拉紧，剪掉余线烧黏。

28. 作品完成。

双钱结杯垫 ::::::::

红色的杯垫，衬托喜庆的气氛，给居室添加生机与活力。

材料:

红色 5 号线：150cm1 根
黄色 5 号线：100cm1 根

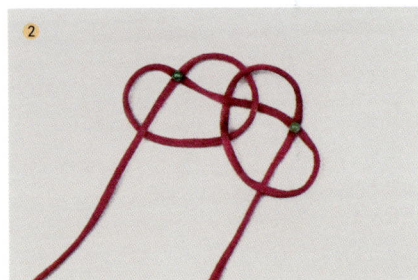

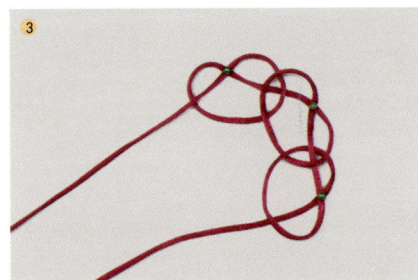

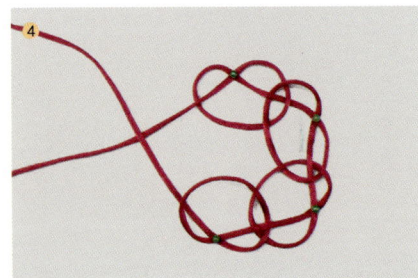

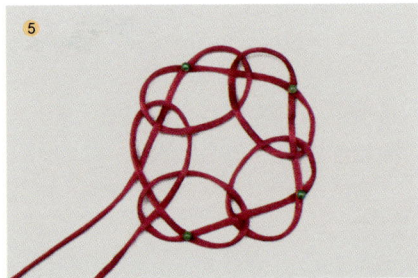

制作
过程

1. 取 150cm 长的红色 5 号线 1 根
如图做绕线。

2. 如图 1 中压 1 挑 1 压 1，绕线。

3~5. 以此类推。

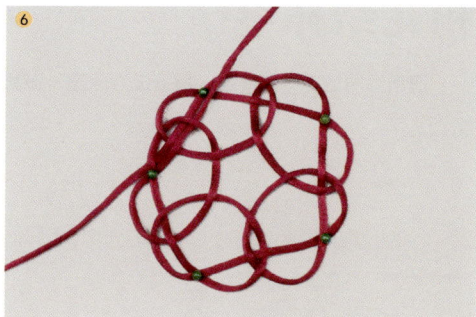

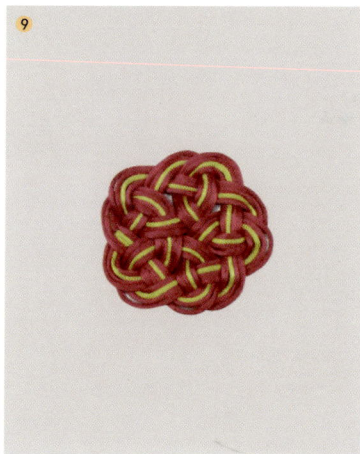

6. 余线按原路再走 1 遍。

7. 第 2 圈编完时将余线剪断烧黏，接上 1 根 100cm 长的黄色 5 号线。

8. 黄线沿原路再走 1 圈。

9. 剪掉余线烧黏，完成。

梅花结杯垫 ┄┄┄┄

清新秀丽的梅花结杯垫，将会成为居室一道亮丽的风景，装点你的美丽生活。

材料:

白色、淡蓝色、天蓝色、湖蓝色、深蓝色 5 号线：30cm 各 1 根

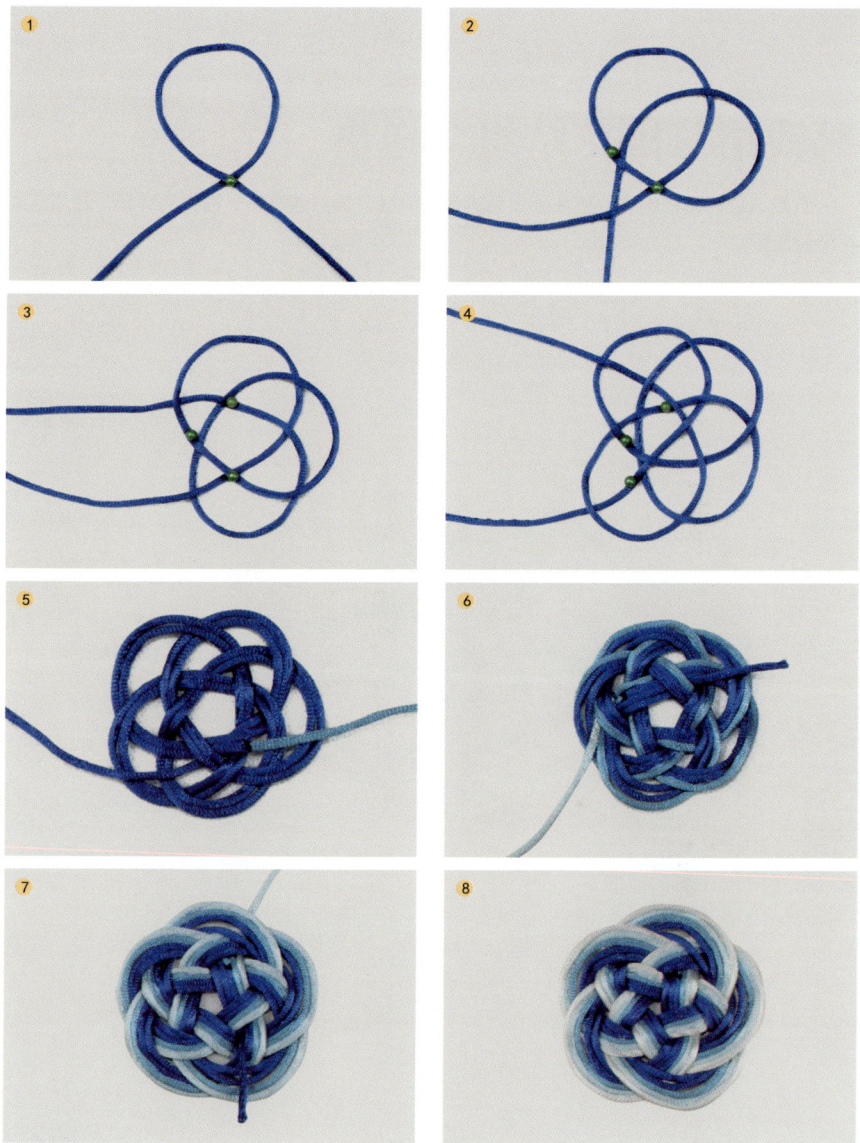

1. 取 1 根 30cm 长的深蓝色 5 号线如图绕 1 个圈。2. 余线压 1 挑 2。3. 余线挑 1 压 2 挑 1。4. 余线如图依次穿出。5~6. 余线按原路再走 1 圈，然后剪掉余线接成稍浅颜色的线，继续按原路走 1 圈。7. 第 4 圈换成浅蓝色 5 号线走 1 圈。8. 第 5 圈换白色 5 号线走 1 圈，剪掉余线烧黏，作品完成。

双钱结与梅花结组合杯垫

双钱结与梅花结组合，蓝色到白色的色彩深浅差异打造清新、雅致的杯垫，让生活如花朵般美丽。

材料：

蓝色、浅蓝色、白色 5 号线：100cm 各 1 根

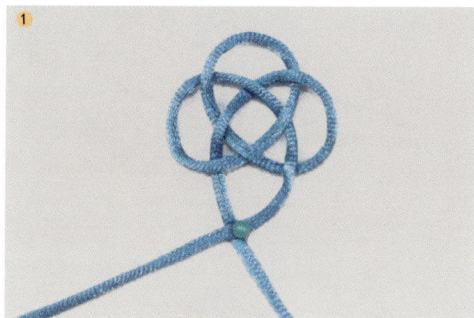

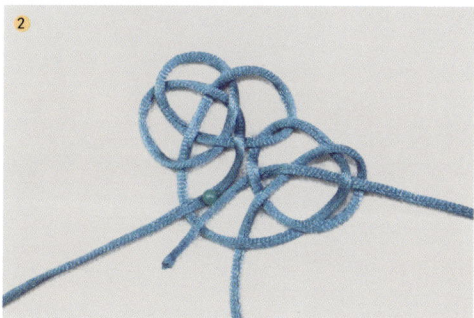

制作过程

1. 取 1 根 100cm 长的蓝色 5 号线如图编 1 个双钱结。

2~3. 继续编双钱结并与第 1 个双钱结相连，里面按梅花结方式走线。

4~6. 以此类推。

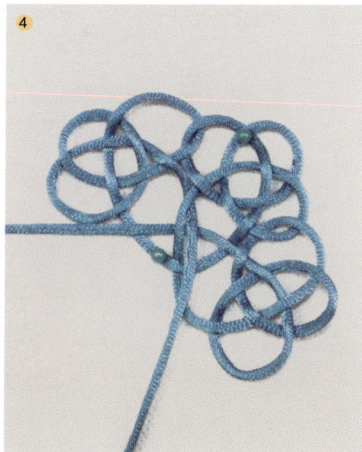

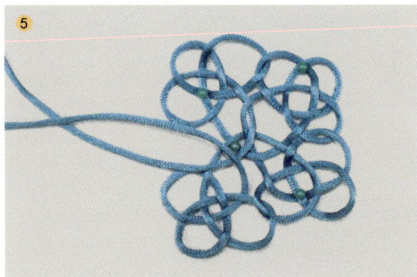

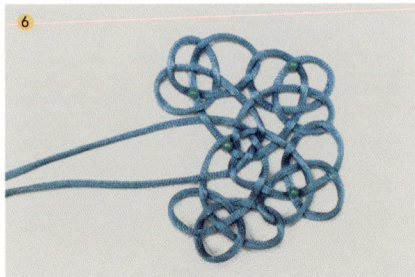

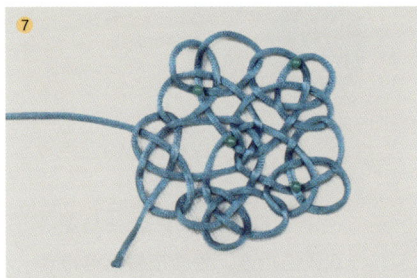

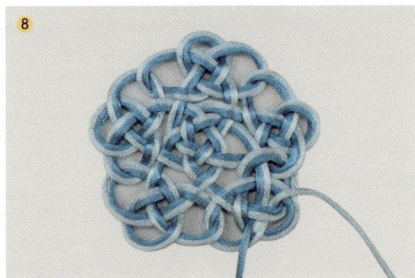

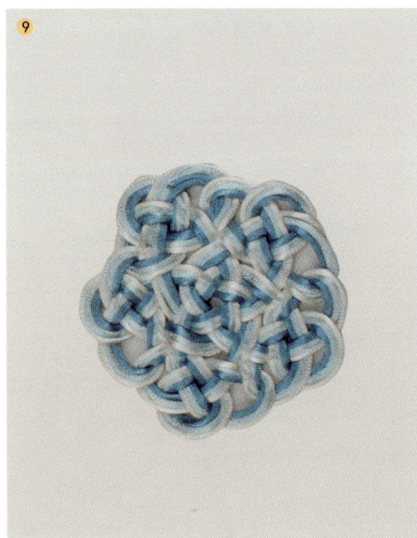

7.编好最后 1 个双钱结，并调整形状。

8.剪掉余线换成浅蓝色的线继续按原路走 1 圈。

9.余线换成白色 5 号线按原路走 1 圈，剪断余线烧黏，完成。

双钱结组合杯垫 ::::::

　　用钩花边似的美感，轻松编出双钱结组合杯垫，双钱结的重重组合，吟唱出唯美的中国风。

材料:

紫色 5 号线：150cm1 根

蓝色 5 号线：50cm1 根

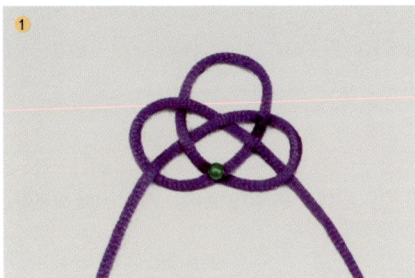

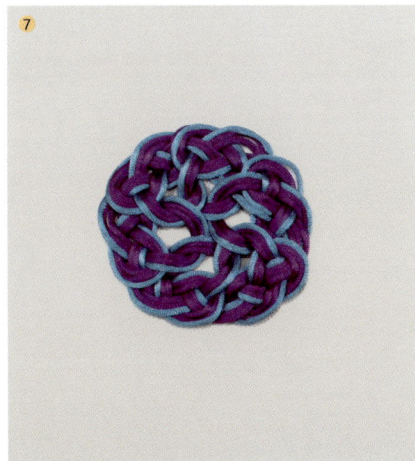

制作过程

1. 取 1 根 150cm 长的紫色 5 号线编 1 个双钱结。

2~3. 余线从图 1 圈中穿过编双钱结。

4~5. 如此编 5 个双钱结后，最后头与尾也以双钱结结合。

6. 继续按原路再走 1 圈。

7. 余线剪断烧黏对接上 1 根 50cm 长的蓝色 5 号线再走 1 圈，然后剪断余线烧黏，完成。

网目结杯垫 ::::::::

粉色的网目结杯垫，柔和的色彩，给居室营造出温馨、浪漫氛围。

材料:

粉色 5 号线：150cm1 根

白色 5 号线：50cm1 根

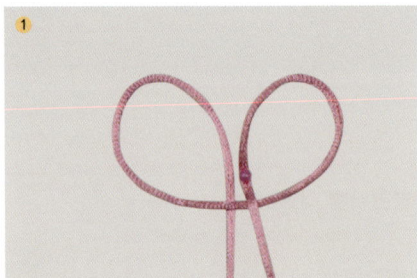

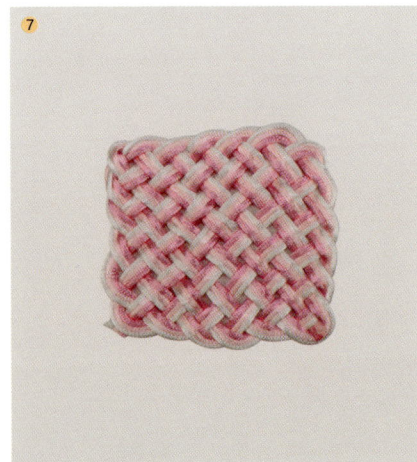

制作过程

1. 取 1 根 150cm 长的粉色 5 号线，如图编 2 个圈。

2. 右圈穿过左圈。

3. 余线再做 1 根圈如图依次穿过。

4~5. 以此类推。

6. 最后余线拉出来，调整成型。

7. 取 1 根 50cm 长的白色 5 号线按原路再走 2 圈，剪断余线烧黏。

粉色纸巾筒 ∷∷∷∷

简单的双平结和斜卷结就能编出如此美丽、精致又实用的纸巾筒，浪漫的粉色装饰温馨的居家环境。纸巾筒不一定只是摆放在桌上，还可以根据需要随处悬挂！你也要动手试试吗？

材料:

塑料纸筒 1 个

浅蓝色 5 号线：250cm12 根

粉红色 5 号线：250cm12 根　200cm12 根　150cm6 根　15cm6 根　50cm2 根

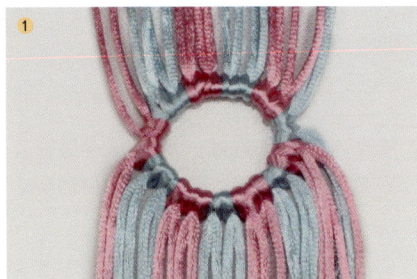

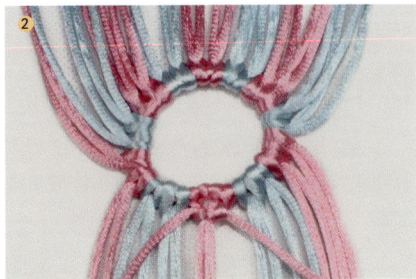

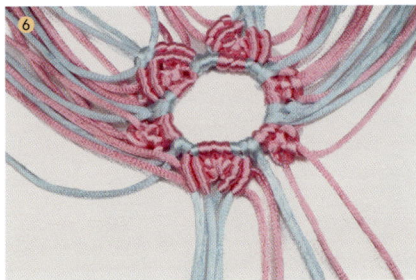

1. 取 1 根 15cm 长的粉红色 5 号线做轴，250cm 长的浅蓝色和粉红色 5 号线各 12 根对折，以雀头结方式挂在轴线上。最后将轴线两头剪断烧黏对接。

2~3. 将粉红色 5 号线如图编 1 层双平结，浅蓝色 5 号线不动。

4~5. 以浅蓝色 5 号线做轴线，粉红色 5 号线为绕线编 2 层斜卷结。

6. 继续如图编斜卷结。

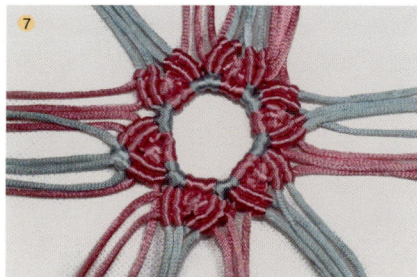

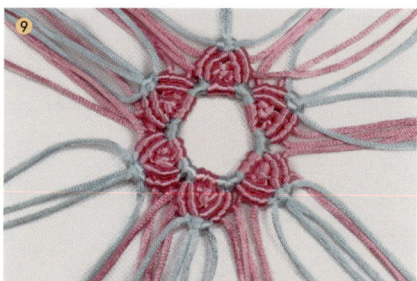

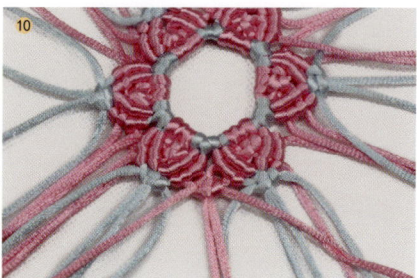

7. 用同样方法将 1 圈编完。

8~9. 浅蓝色 5 号线各编 1 层双平结。

10~11. 粉红色 5 号线也编 1 层双平结，然后另取 1 根 200cm 长的粉红色 5 号线在轴线上再编 1 层双平结。

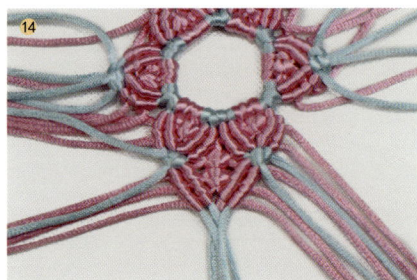

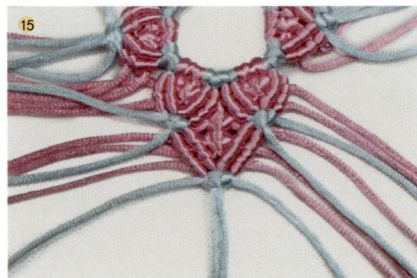

12~13. 浅蓝色 5 号线继续做轴，粉红色 5 号线为绕线编斜卷结。

14~16. 每边各编 2 层斜卷结，编满 1 圈。

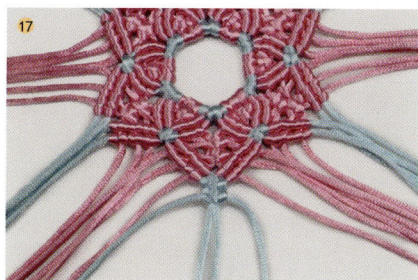

17~18. 浅蓝色 5 号线和中间 4 根粉红色 5 号线如图各编 2 层双平结。

19. 编满 1 圈。

20~22. 另取 1 根 50cm 长的粉红色 5 号线做轴线，其余为绕线编 1 层斜卷结。

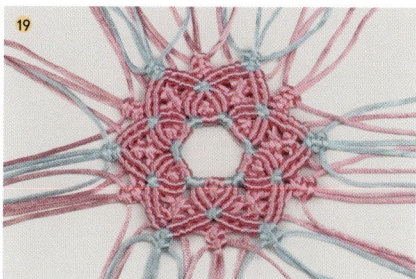

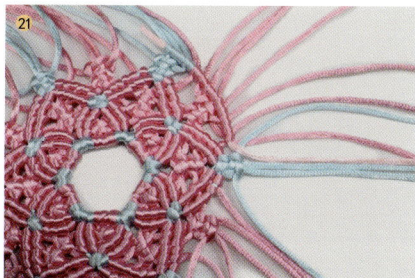

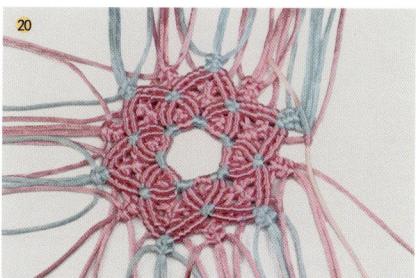

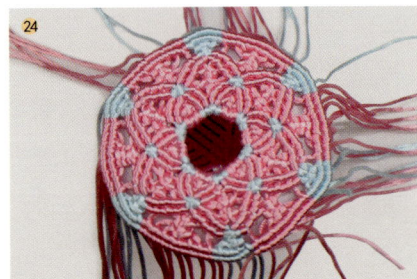

23~24. 放入准备的塑料纸筒，
继续编1层斜卷结。

25~26. 如图将中间的4根粉红
色5号线编2层双平结，再编2层双
平结。

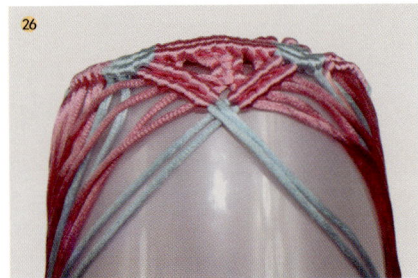

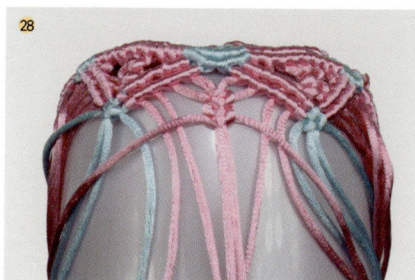

27. 浅蓝色 5 号线继续编双平结。

28~30. 以此类推。

31~32. 编第 3 层时，再加 1 根 150cm 长的粉红色 5 号线。

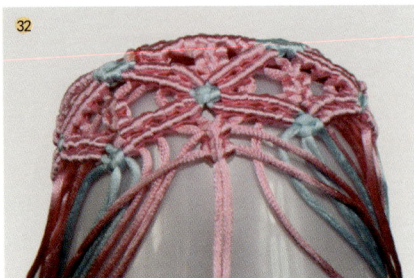

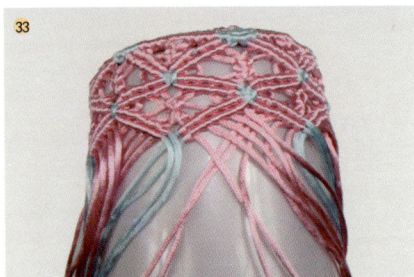

33~34. 以此类推编到第 6 层。

35. 注意这一层粉红色 5 号线编 3 层双平结。

36. 继续编完第 7 层。

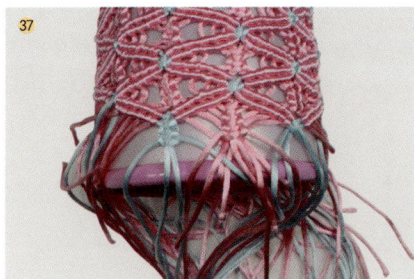

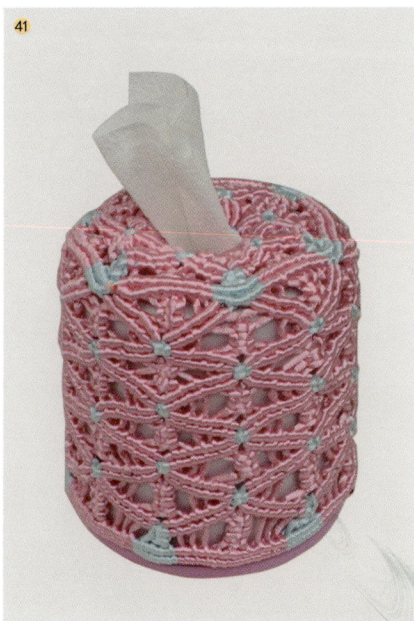

37. 如图将浅蓝色 5 号线编 3 层双平结，粉红色 5 号线编 4 层双平结。

38~39. 另取 1 根 50cm 长的粉红色 5 号线做轴，其余做绕线编 2 层斜卷结。

40~41. 剪掉余线烧黏，完成。

梦幻窗帘带

　　梦幻窗帘带带来居室温馨、典雅的气息。紫色代表高贵、神秘、浪漫，盘长结象征连绵不绝、长久不断。

材料：
紫色 5 号线：400cm1 根　50cm2 根
粉红色 5 号线：100cm1 根　10cm1 根
浅绿色 5 号线：100cm1 根　50cm2 根

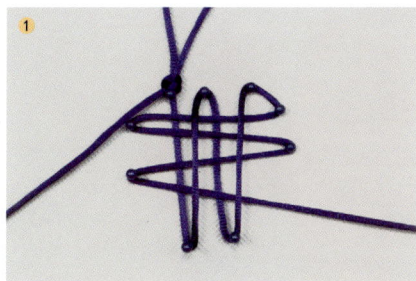

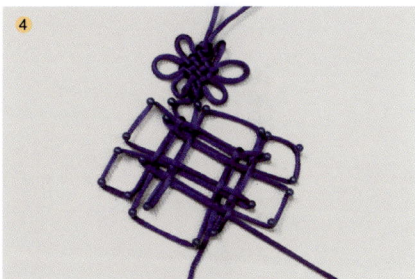

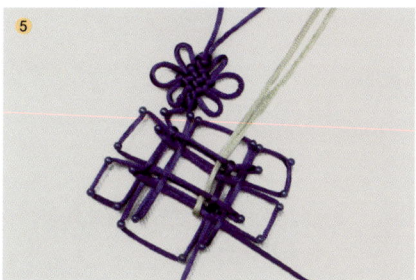

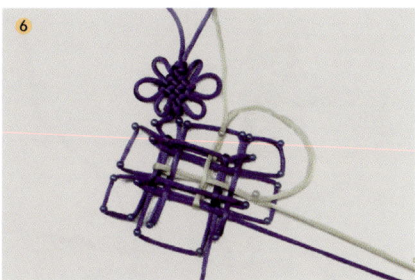

制作过程

　　1~3. 取 1 根 400cm 长的紫色 5 号线，编 1 个四耳盘长结，并调整好结型。

　　4. 继续编 1 个四耳盘长结，如图留好套。

　　5~6. 另取 1 根 100cm 长的浅绿色 5 号线挑 1 压 3，对折挑 2 压 1 挑 3 压 1。

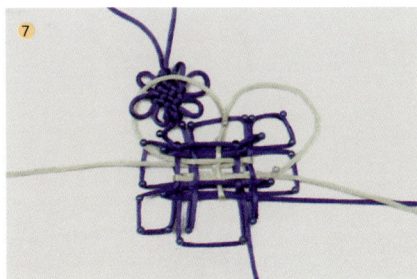

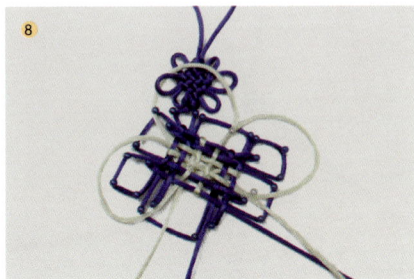

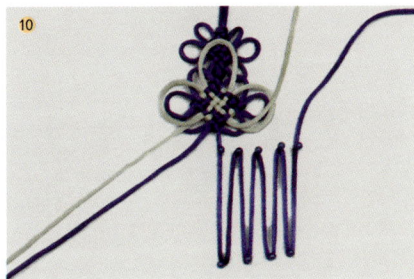

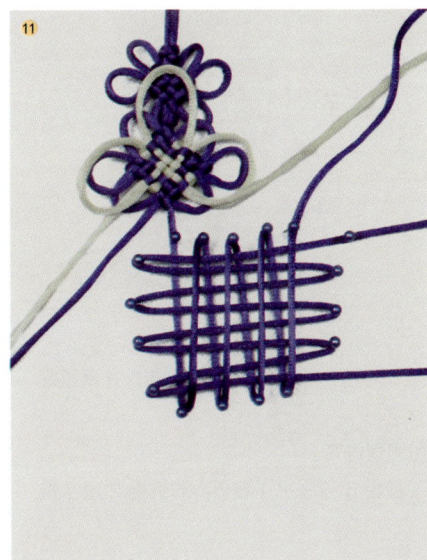

7~8. 用同样的方法穿好另外几边。

9. 收紧并调整结型。

10~12. 紫色余线继续编八耳盘长结，注意大耳朵各留出 60cm。

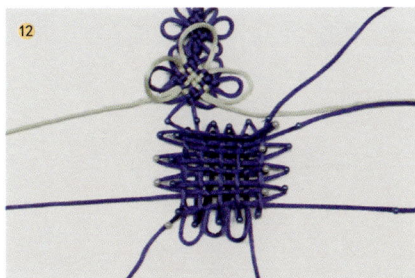

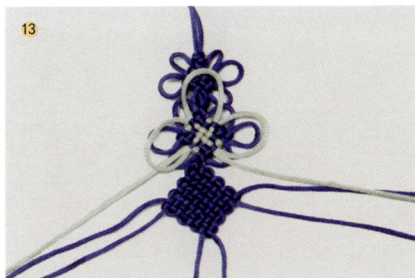

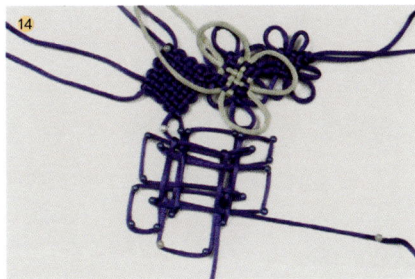

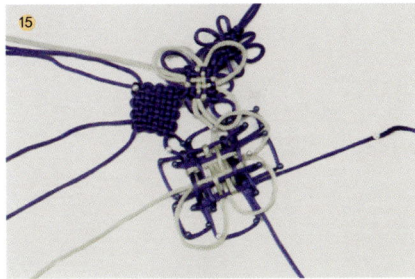

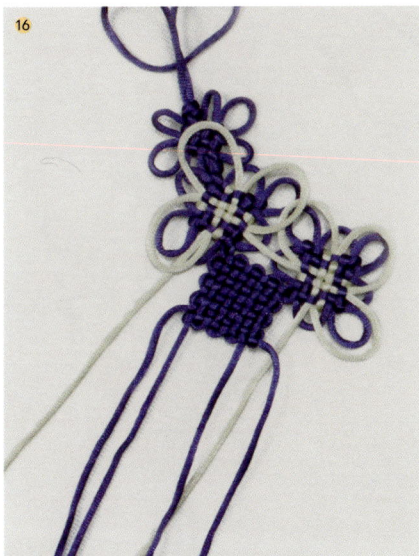

13. 收紧并调整结型。

14~16. 大耳朵余线重复步骤 3、
4、5。

17~18. 用同样方法做好另外 2 个套色盘长结。

19. 将浅绿色 5 号余线剪断、烧黏对接好。

20. 紫色 5 号余线继续做 1 个四耳盘长结。

21. 另取 1 根 100cm 长的粉红色 5 号线做中间的花。将线用钩针穿入结体。

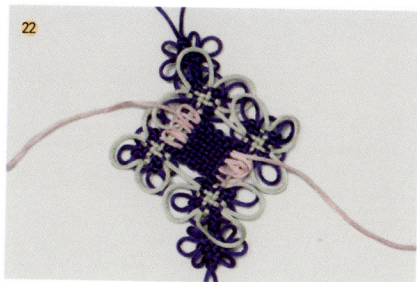

22. 间隔 1 个套后穿入对面的套眼中。

23. 第 1 层穿完开始穿第 2 层。

24. 如图依次穿好。

25. 开始做花蕊：用 10cm 长的粉红色 5 号线编 1 个纽扣结，调整成球状。

26. 将做好的纽扣结从中间穿过去。

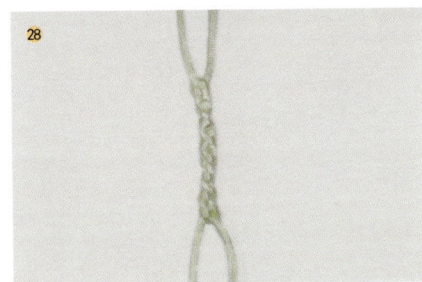

27. 穿上流苏。

28~35. 用 50cm 长的紫色和浅
绿色 5 号线各 2 根，用四股辫子的方
式做 1 个窗帘带。

36. 如图将结头以套环方式穿进去，将两者组合，作品完成。

吉祥窗帘带 ◆◆◆◆◆◆

由吉祥结为主编制而成的作品，有吉祥、美好的寓意。可作窗帘带和蚊帐带。

材料：

流苏 2 个　热熔胶棒

红色 5 号线：500cm4 根　40cm1 根　80cm1 根

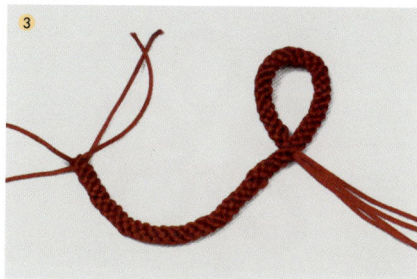

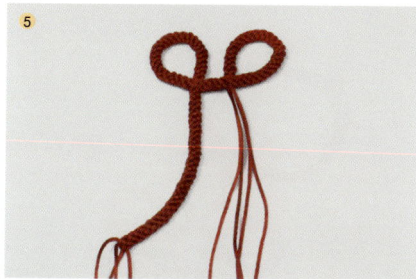

制作过程

1. 取 4 根 500cm 长的红色 5 号线编 26 层左右的吉祥结。

2~3. 一端从另一端穿过继续编 30 层吉祥结。

4~5. 左边隔 4 层从中穿过，继续编 30 层吉祥结。

6~8. 用同样方法编出第 3、4、5 个圈。

9. 编完 5 个圈后，用热熔胶将两端粘起来，余线用系流苏的方式扎起来。

10. 余线留下 4 根编 1 个双联结。

11. 另取 1 根 40cm 长的红色 5 号线对折编双联结做轴线。再取 1 根 80cm 长的红色 5 号线编双平结。编到合适长度剪掉余线烧黏。主线编 1 个纽扣结，然后剪断余线烧黏，穿上 2 个流苏，挂在窗帘带上，作品完成。

新房窗帘带 ::::::::

　　吉祥和瑞的红色"囍"字窗帘带，烘托喜庆的氛围，让你的居室喜气洋洋，充满吉祥热闹的气氛。

材料：（下面包含整个作品的材料）

流苏 2 个

红色 5 号线：80cm1 根　50cm12 根

　　　　　　40cm11 根　30cm8 根

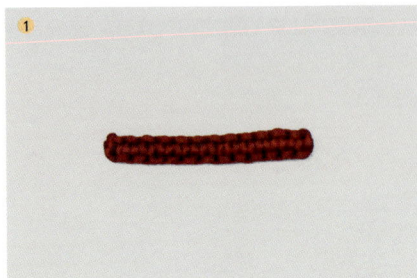

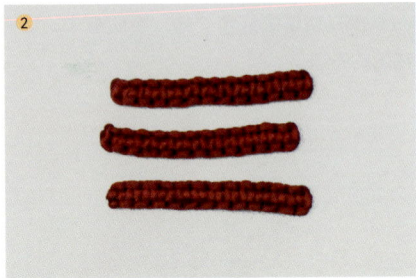

制作过程

1. 用 2 根 50cm 长的（其中 1 根对折做轴线）红色 5 号线编 12 层左右的双平结，然后剪断余线烧黏。

2. 共编 3 根平结条备用。

3. 另取 2 根 50cm 长的红色 5 号线编 3 层双平结。

4~5. 如图将主线穿进备用的平结条里。

6. 余线剪断烧黏。

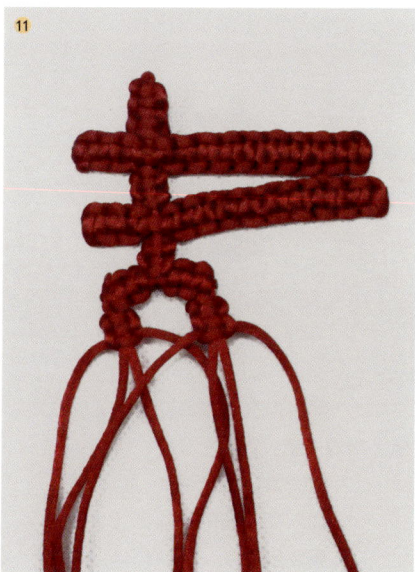

7. 另取 1 根 40cm 长的红色 5 号线编 2 层双平结。

8. 加入第 2 根平结条。

9. 继续编 2 层双平结。

10. 余线两两做轴，另取 2 根 40cm 长的红色 5 号线分别往外编 2 层双平结。

11. 两边分别剪掉上面的 2 根线烧黏，余线做轴，另取 2 根 30cm 长的红色 5 号线编 2 层双平结。

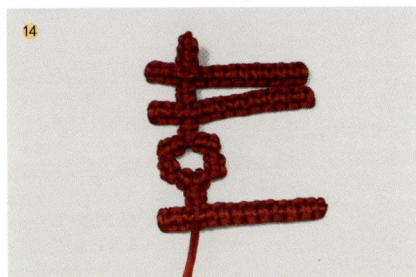

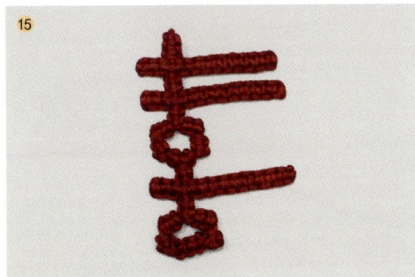

12. 两边分别剪掉最外面的 2 根线烧黏，余线做轴。另取 1 根 50cm 长的红色 5 号线编 1 层双平结。

13. 继续编 2 层双平结。

14. 加入第 3 根平结条。

15. 重复步骤 9、10、11。

16. 用同样方法做好另外一边。

17. 另取 1 根 40cm 长的红色 5 号线对折编双联结做轴线。

18. 再取 1 根 80cm 长的红色 5 号线编双平结。

19~20. 编到合适长度剪掉余线烧黏。

21. 主线编 1 个纽扣结，然后剪断烧黏。

22. 将"囍"字系在带子上，下面穿上 2 个流苏，作品完成。

粉色饰品篮 ┉┉┉┉

　　粉红色的小饰品篮子，专属于你的粉色浪漫。可用来装耳环、项链、发夹等小饰品，也可以装针线等，既美观又实用。

材料：

粉红色 5 号线： 100cm16 根　70cm16 根

粉蓝色 5 号线： 100cm4 根　70cm4 根　20cm2 根　200cm1 根

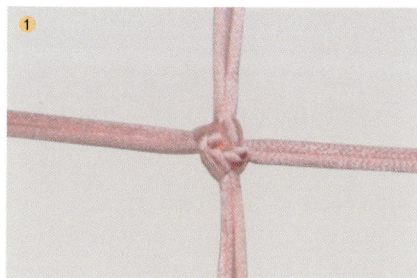

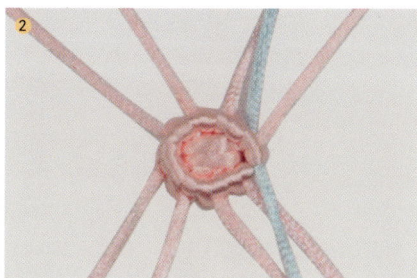

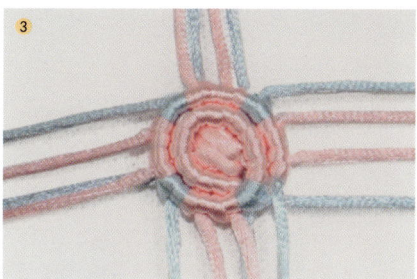

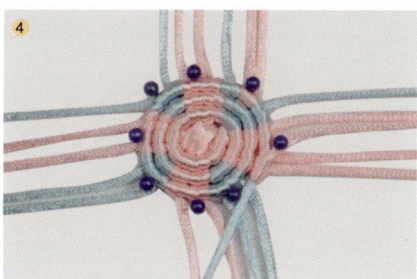

制作过程

1. 取 4 根 100cm 长的粉红色 5 号线编 1 层吉祥结。

2. 另取 1 根 200cm 长的粉蓝色 5 号线做轴线编 1 层斜卷结。

3. 第 2 层编 2 根线加 1 根 100cm 长的粉蓝色 5 号线（共 4 根，加线时须对折变成 2 根线）。

4. 第 3 层编 3 根线加 1 根线（这根线是第 2 层加线对折后的另 1 根线）。第 4 层在珠针指示出各加 1 根 100cm 长的粉红色 5 号线（加线方法同上，共 8 根）。

5~6. 第 5 层在珠针指示处各加上一步中余下的线。第 6 层在相同位置加上 100cm 长的粉红色 5 号线（共 4 根）。

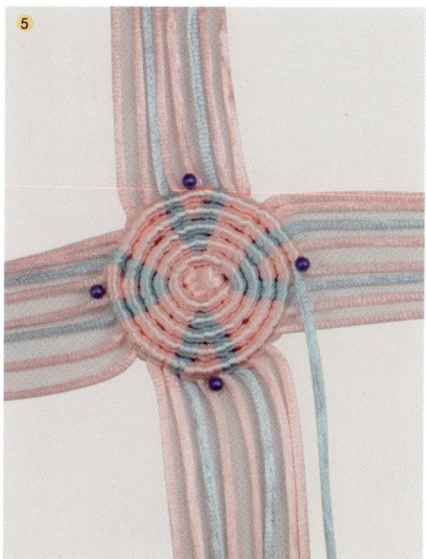

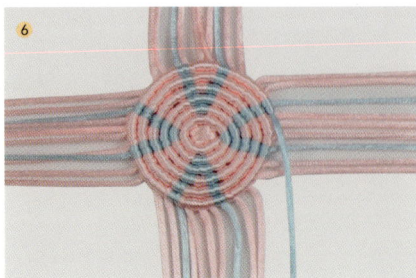

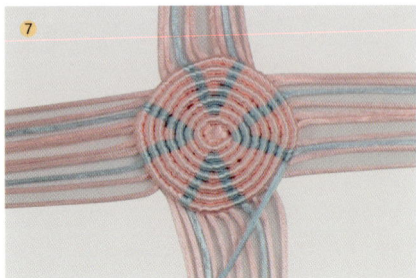

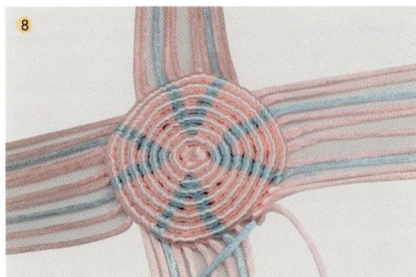

7~8. 第 8 层不加减线，第 9 层改编反斜卷结。

9. 共编 5 层反斜卷结。

10. 第 6 层编 1 圈斜卷结。

11. 两边各留 2 根线，其余的线剪断烧黏。

12. 两边余线各取 1 根交叉合并做轴，另一根余线围绕轴线编雀头结。

13. 编到中间，另外一边的余线也如此编雀头结，然后剪断余线烧黏。

14. 编篮子的盖子。另取 2 根70cm 长的粉红色 5 号线编 1 层吉祥结。

15. 另取 1 根线做轴编 1 层斜卷结。

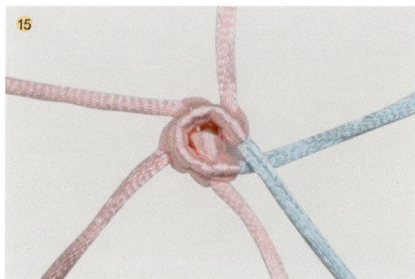

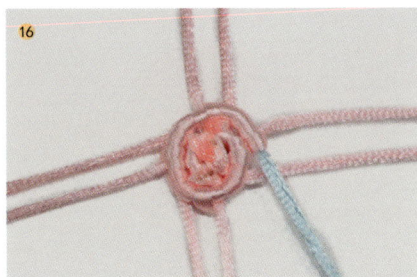

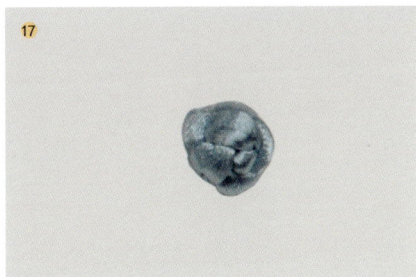

16. 第 2 层编 1 根线加 1 根
70cm 长的粉红色 5 号线，之后加
线方式同篮子底部加线方式一样。

17~19. 另取 1 根 20cm 长的
粉蓝色 5 号线编 2 层梅花结并抽成
球状，然后粘在篮子的盖子上。

20. 作品完成。

团锦花篮 ::::::

中国结编的漂亮篮子，有着吉祥美好的含义，既美观大方，又方便实用。

材料：

铁丝 200cm

黑色 5 号线：200cm36 根　400cm2 根

黄色 5 号线：200cm6 根　50cm21 根

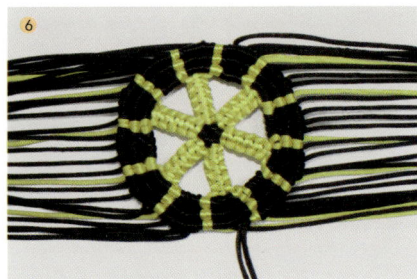

制作过程

1. 取 6 根 200cm 长的黑色 5 号线对折，以团锦结方式组合。

2~3. 另取 1 根 200cm 长的黄色 5 号线，以黑色 5 号线为轴编双平结，编 5~6 层。

4. 将所有轴线编完。

5. 另取 2 根 400cm 长的黑色 5 号线合并做轴，其余为绕线编斜卷结。第 1 层编 4 根线加 2 根 200cm 长的黑色 5 号线，第 2 层编 3 根线加 1 根 200cm 长的黑色 5 号线。

6. 第 3 层编 4 根线加 1 根 200cm 长的黑色 5 号线。

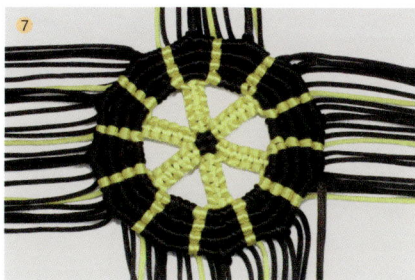

7~8. 如图在黑色线间继续加线。

9~10. 绕线每 4 根为 1 组编 2 层斜卷结。

11. 轴线继续做轴编斜卷结。

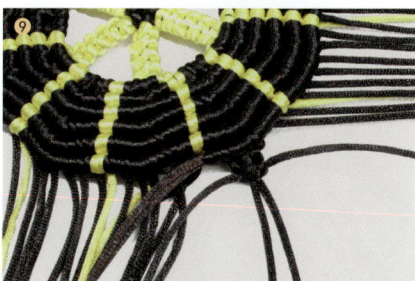

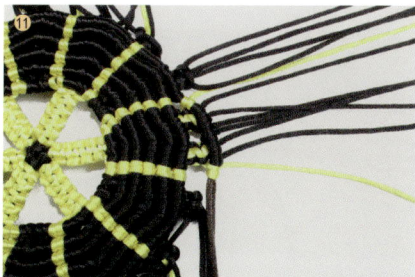

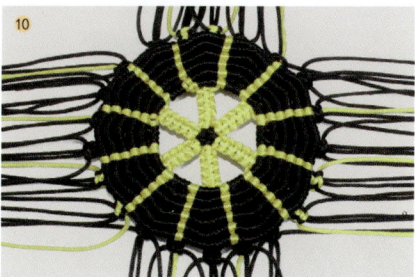

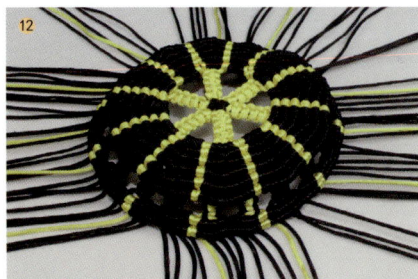

12. 共编 2 层，不加减线。

13. 继续每 4 根绕线 1 组编 2 层斜卷结。

14. 编完后，每个双平结两两编 1 根双联结。

15~16. 如图相邻的线继续编双平结。

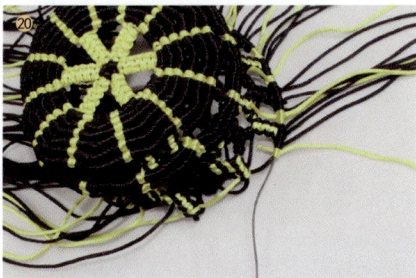

17~18. 第3层双平结编3层。

19~20. 另取之前余下的轴线和铁丝合并做轴，其余为绕线编斜卷结，2个双平结之间加50cm长的黄色5号线（共21根）。

21. 剪掉黄色余线烧黏。

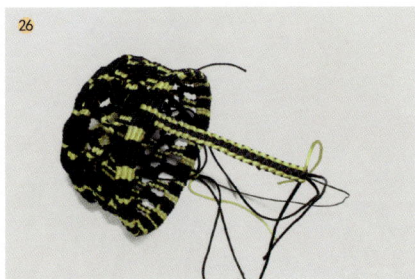

22. 共编3层。

23~24. 两边各留4根线，其余剪断烧黏。

25. 两边余线各取中间2根交叉合并，并加入1根铁丝做轴。边上2根线围绕轴线编双平结。

26. 编到中间后另外一组开始编双平结。

27~28. 结合处剪掉余线烧黏对接。

29. 编完后剪掉余线烧黏。

30~31. 作品完成。

四股辫花篮 ░░░░░░

　　看到这个粉色的小花篮，你是否也想到童年时的故事"采蘑菇的小白兔"呢，它和小兔子采蘑菇用的花篮很像吧，浪漫的粉色是否能打开你童年的美好记忆之门！

材料：

热熔胶棒

粉色 5 号线：500cm2 根　60cm4 根

白色 5 号线：500cm2 根

紫色 5 号线：20cm2 根

制作过程

1. 取 500cm 长的粉色和白色 5 号线各 2 根，对折编四股辫子。

2. 编到足够长度后，用热熔胶如图粘起来。

3. 注意每层之前的距离。

4~6. 粘到合适大小后将余线剪断烧黏。

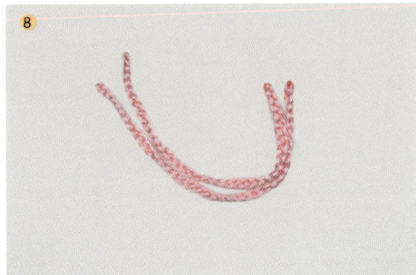

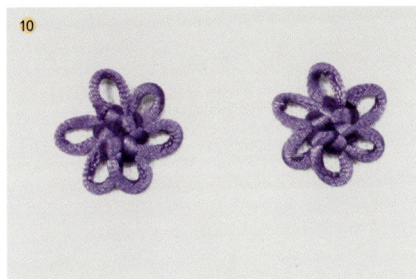

7. 将包包翻过来。

8. 再用 4 根 60cm 长的粉色 5 号线以四股辫子的方式编 2 条包带。

9. 如图将包带粘好。

10. 用其他线编 2 个六耳团锦结做装饰。

11. 如图粘好，作品完成。

莲花碗 ::::::::

　　由盘长结、雀头结、双平结、斜卷结组合编制而成的作品，犹如盛开的莲花，美丽、高雅、更像是一件工艺品。可用来陈放物品，美观实用。

材料:

塑料圈 1 个　铁丝100cm

深紫色 5 号线：180cm2 根　160cm4 根　50cm15 根

紫红色 5 号线：150cm4 根

浅紫色 5 号线：150cm6 根

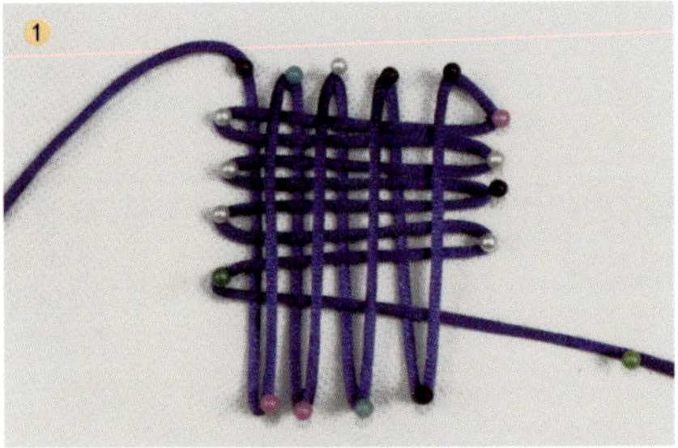

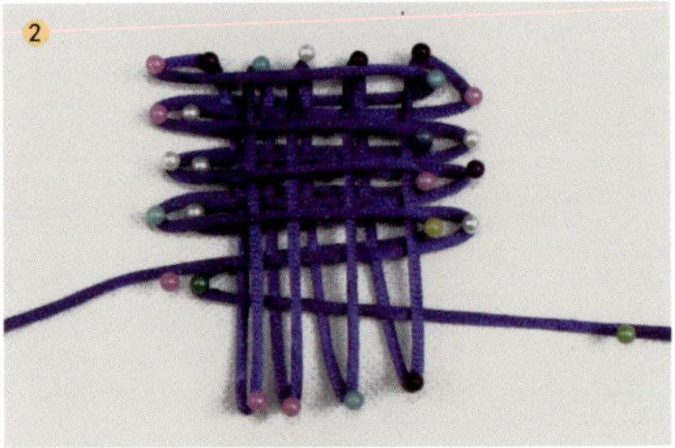

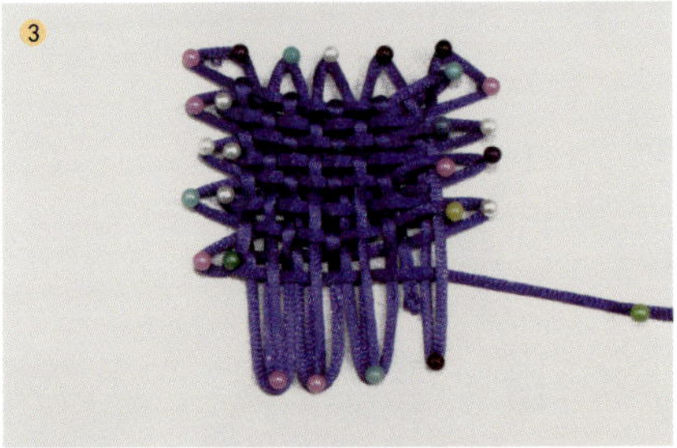

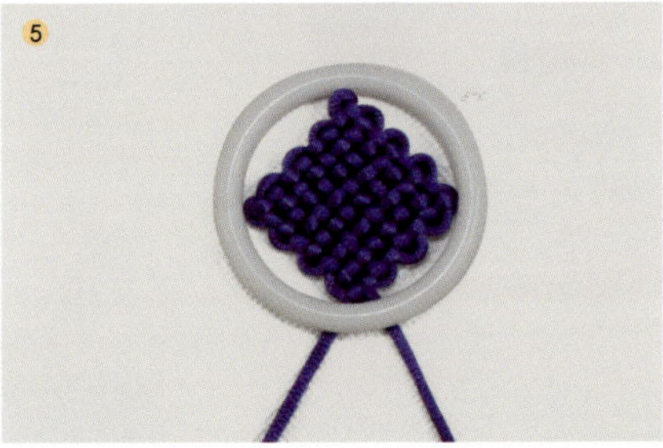

制作过程

1~3. 取 1 根 180cm 长的深紫色 5 号线编 1 个八耳盘长结。

4. 如图收紧结体，调整成型。

5. 取 1 个大小合适的塑料圈。

6~7. 结的 4 个对角处各穿上 1 根 160cm 长的深紫色 5 号线，以塑料圈为轴编雀头结。

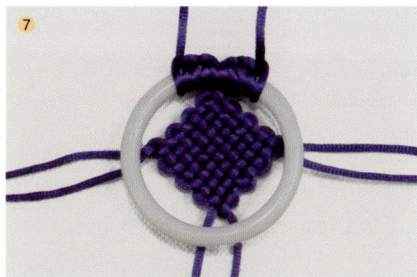

8. 如图编好。

9. 如图每组线加 1 根铁丝（也可以不加）。

10~11. 另取 1 根 150cm 长的紫红色 5 号线编 2 层双平结。

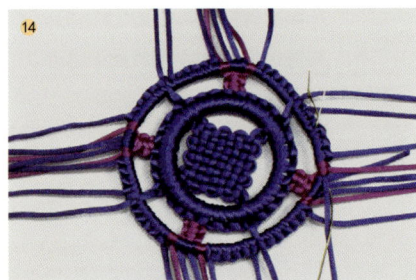

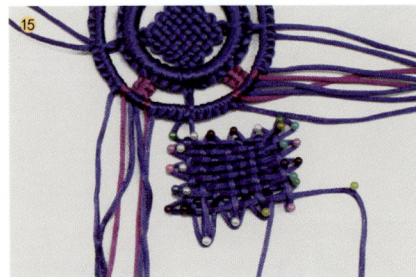

12. 另取 1 根 180cm 长的深紫色 5 号线和铁丝合并做轴编斜卷结。

13~14. 另取 1 根 160cm 长的深紫色 5 号线在 2 平结之间的轴线上编雀头结。

15~16. 如图继续编八耳盘长结，并收紧结体。

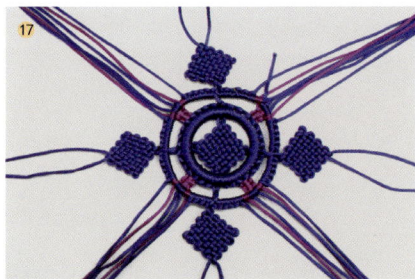

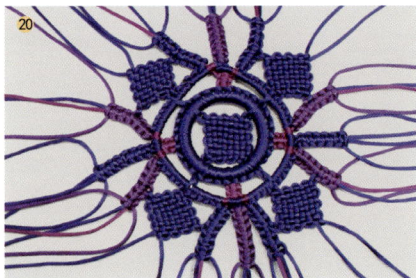

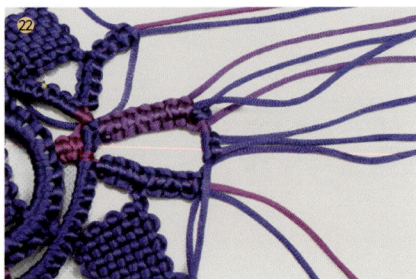

17. 共编 4 个。

18~19. 余线两两做轴，另取 6 根 150cm 长的浅紫色 5 号线编双平结。

20. 编满 1 圈。

21. 另取 1 根轴线编斜卷结。

22~23. 2 个双平结之间加入 2 根 50cm 长的深紫色 5 号线。

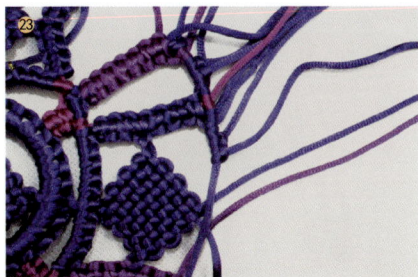

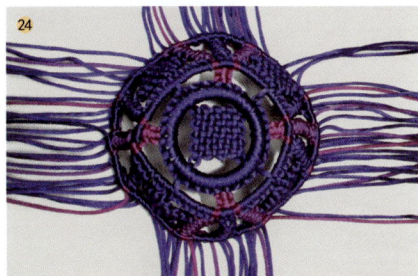

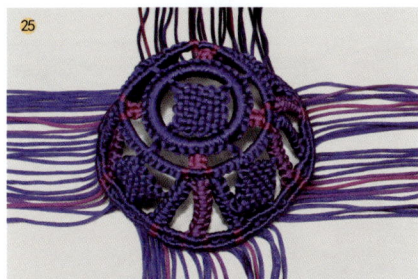

24~25. 共编 2 层斜卷结。

26~27. 余线每 11 根为 1 组，中间 2 根交叉编结。

28~30. 两边相邻的线分别往中间拉做轴编斜卷结。

31. 用同样方法将1圈编完。

32. 剪掉余线烧黏，作品完成。

彩色杯套 ········

　　由团锦结、斜卷结、雀头结、双平结、双联结组合而成的作品。给读书的小朋友编一个美观、实用的杯套装水壶吧！送给上班一族装水杯也不错，防烫又提携方便。

材料:

粉色 5 号线：200cm3 根　150cm3 根

黄色 5 号线：150cm6 根

粉蓝色 5 号线：200cm3 根　150cm3 根

制作过程

1. 分别取 3 根 200cm 长的粉色和粉蓝色 5 号线编团锦结结合起来。

2~3. 另取 1 根 150cm 长的粉蓝色 5 号线做轴，其余线做绕线编斜卷结，编完 2 根后另取 1 根 150cm 长的粉蓝色 5 号线对折，以雀头结方式挂在轴线上。

4~5. 编完第 1 层，继续编第 2 层，不加不减线。

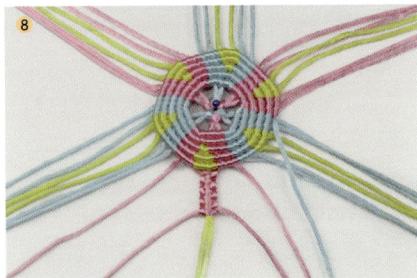

6. 第 3 层另取 1 根 150cm 长的黄色 5 号线对折以雀头结方式加上去。

7. 继续编第 4、5 层，不加减线。

8~9. 剪掉余线烧黏，每 4 根线为 1 组编 4~5 层双平结，如此编完 1 圈。

10~11. 相邻两组双平结各取 2 根 150cm 长的黄色 5 号线继续编 4~5 层双平结，编 1 圈。

12. 用同样方法编第 3 圈。

13. 将之前余下的轴线继续做轴线，其余为绕线编斜卷结。

14. 共编 2 层。

15. 两侧各留 2 根线，其余剪断烧黏。

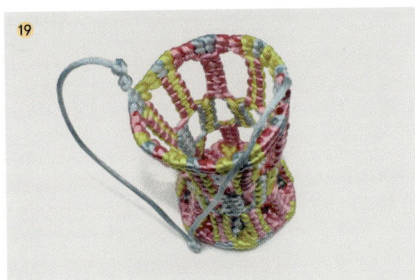

16. 余线两两编个双联结。

17. 各编 2 个双联结后剪掉 1
根余线烧黏。

18. 两余线打 1 个双联结，剪
断余线烧黏。

19~20. 作品完成。

奶瓶套 ∷∷∷∷∷∷

将这个精致的奶瓶套送给可爱的小宝宝吧，让它陪伴宝宝的幸福时光吧。

材料：

轴线 200cm1 根

蓝色 5 号线：200cm5 根

紫色 5 号线：200cm8 根

粉色 5 号线：200cm4 根

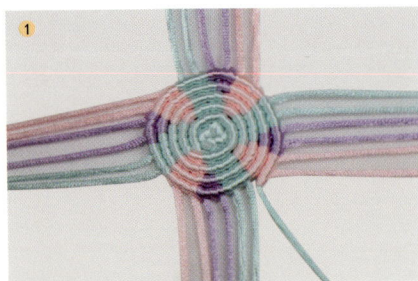

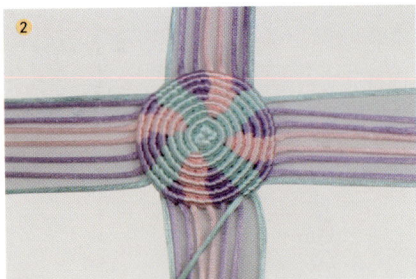

制作过程

1. 取 4 根 200cm 长的蓝色 5 号线编 1 层吉祥结，另取 1 根 200cm 长的蓝色 5 号线做轴线编 1 层斜卷结；第 2 层编 2 根线加 1 根 200cm 长的粉色 5 号线（加线对折变 2 根线），共 4 根；第 3 层编 3 根线加 1 根线（用的是第 2 层剩下来的线）；第 4 层编 4 根线加 1 根 200cm 长的紫色 5 号线（方法同上）；第 5 层的加线也是上一层中加线余下的那 1 根；第 6 层用同样的方法加上 4 根 200cm 长的紫色 5 号线（编法可参考花瓶底部）。

2. 如图加线编到第 7 层。

3. 绕线每 4 根线为 1 组，编 2 层双平结。

4. 第 2 层相邻两平结的 4 根线编 2 层双平结，第 3 层编 3 层双平结，将奶瓶放进去撑型。

5~6. 将之前的轴线继续做轴线编斜卷结，共编 2 层。

7. 将相邻 2 根绕线交叉编斜卷结。

8~10. 如图继续编斜卷结。

11. 用同样方法编 1 圈。

12~13. 两结之间用同样方法编好。

14. 用同样方法编第 3 层。

15. 绕线每 4 根为 1 组，编 5 层双平结。

16~17. 将之前余下轴线继续做轴，编斜卷结，共编 3 层。

18. 剪掉余线烧黏。

19. 如图加1根手柄线（用剪断的余线即可）。

20. 余线继续编雀头结。

21~22. 编完剪断余线烧黏。

粉色手机袋 ░░░░░░░

　　中国结摇身一变，变身为可爱的手机袋。用它来保护你的手机，时尚、美观，让你的手机显得更高档、精致。

材料：
粉红色 5 号线：160cm8 根　20cm2 根
浅绿色 5 号线：160cm8 根　30cm1 根

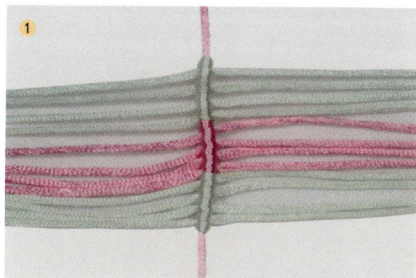

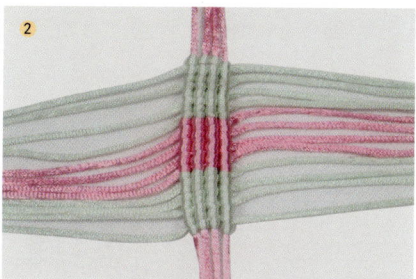

制作过程

1. 取 1 根 160cm 长的粉红色 5 号线做轴线，另取 4 根 160cm 长的粉红色 5 号线和 8 根 160cm 长的浅绿色 5 号线以斜卷结方式挂在轴线上，颜色分布如图。

2. 继续再加 3 根 160cm 长的粉红色 5 号线做轴线，共编 4 层。

3~4. 从轴线开始，每 4 根粉红色 5 号线为 1 组编 1 层双平结。

5~6. 右边离粉红色线最近的那 2 根浅绿色线做轴线，右边 2 根粉红色线做绕线编 2 层斜卷结。

7. 左边编法同右边一样。

8. 用同样方法编好另外几组。

9. 粉红色线和浅绿色线继续每 4 根为 1 组编 1 层双平结。

10. 重复步骤 4~5。

11. 如此共编 4 层。然后再将轴线变成绕线，绕线变成轴线即有图中粉红色和浅绿色交替的效果。

12. 编至合适长度从两侧取 1 根线做轴线，编 1 层斜卷结，余线剪断烧黏。两侧各预留 2 根线。

13. 将两侧余线烧融对接好。

14~15. 另取 1 根 20cm 长的粉红色 5 号线编 4 层双平结，然后剪断余线烧黏。

16. 另取 1 根 30cm 长的浅绿色 5 号线粘好编三股辫子。

17. 编到最后另取 1 根 20cm 长的粉红色 5 号线继续编 4 层双平结。

18~20. 剪断余线烧黏，作品完成。

平结手机袋 ::::::::

将袋口的绳子轻轻一拉，一个时尚的手机袋，很好地保护你的手机。

材料:

黄色 5 号线：100cm6 根

蓝色 5 号线：100cm4 根

粉色 5 号线：100cm2 根 30cm2 根

制作过程

1~2. 取 1 根 100cm 长的粉色 5 号线做轴线，另取 6 根 100cm 长的黄色 5 号线和 4 根 100cm 长的蓝色 5 号线做绕线编 1 层斜卷结。

3. 再加 1 根 100cm 长的粉色 5 号线做轴线编 1 层斜卷结。

4. 如图边上 4 根线编 1 层双平结。

5. 每 4 根编 1 层双平结。

6. 两平结相邻的 4 根线为 1 组编 1 层双平结。

7. 用同样的方法编下去。

8~9. 编到合适长度，另取其中1根粉色余线做轴，其余为绕线编1圈斜卷结。

10. 剪掉余线烧黏。

11~12. 如图穿进去2根30cm长的粉色5号线。

13~14. 如图编 1 个双联结，剪断余线烧黏。另一边做法一样。

15~16. 将手机装进去，拉紧，一个简单时尚的手机袋就完成了。

零钱包

漂亮的零钱包，精致，有内涵，尽情享受编织中国结的乐趣吧。

材料：

粉红色 5 号线：150cm10 根

粉蓝色 5 号线：150cm10 根 50cm2 根

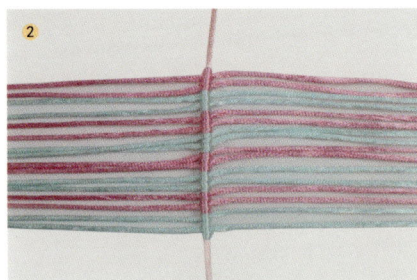

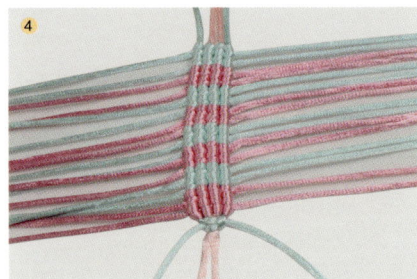

制作过程

1. 取 20 根 150cm 长的不同颜色的 5 号线，4 根做轴，另外 16 根做绕线。（粉蓝色 10 根、粉红色 10 根，颜色如图分布）

2~3. 共编 4 层双平结。

4. 先将 4 根轴线编 1 层斜卷结。

5. 两双平结之间丢 2 根线不动。

6~7. 将丢下的线做轴编斜卷结。

8. 用同样方法编1层。

9. 继续将两边的绕线每4根为1组编1层双平结。

10~11. 之前的轴线继续做轴编斜卷结。

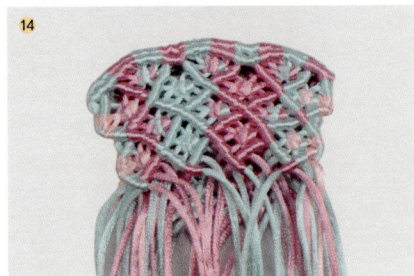

12. 用同样方法编 1 圈。

13~14. 以此类推编至第 3 圈。

15. 两边轴线继续往里拉，如图编 1 层斜卷结。

16.在图中位置，两边各穿
2根线。(用之前剪下的余线即可，
约20cm，颜色不限。)

17.边上继续再编1层。

18~19.如图剪掉余线烧黏。

20.余线如图交叉合并做轴，
另取1根50cm长的粉蓝色5号
线编雀头结。

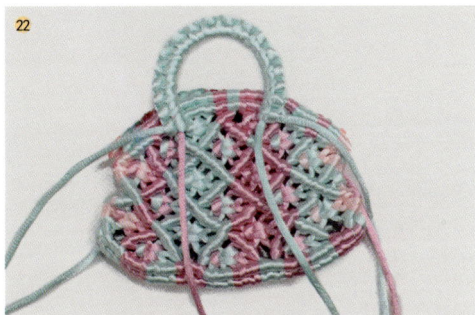

21~22. 编到合适长度，拉紧两边轴线，剪掉余线烧黏。

23~24. 用同样方法编出另一条包带，作品完成。

平结包包 ⠿⠿⠿⠿⠿

　　美丽、精致的包包，让人百看不厌，适合爱美的你。背上这款独一无二的包包，一定会让所有人眼前一亮。就算挂在房间，也是一件很美的装饰品。

材料：

粉蓝色 5 号线：200cm24 根　160cm1 根　50cm1 根

粉红色 5 号线：200cm16 根

粉紫色 5 号线：200cm8 根

制作过程

1. 将 40 根 200cm 长的不同颜色 5 号线如图排好（粉蓝色 16 根、粉红色 16 根、粉紫色 8 根）。

2~3. 从两线的中间开始每 4 根线为 1 组编 3 层双平结。

4. 如图编完 1 层。

5. 每相邻两平结间的 4 根线为一组编 3 层双平结。

6. 同时再添加 8 根 200cm 长的粉蓝色 5 号线编织。

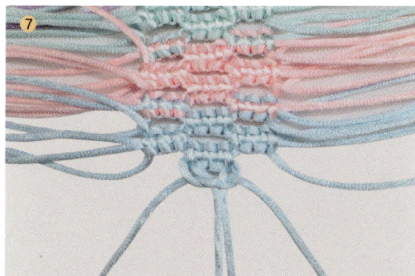

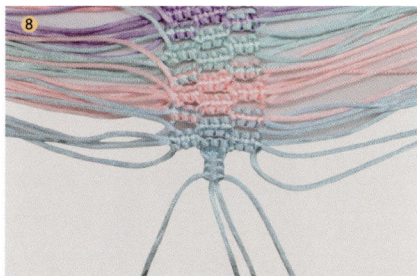

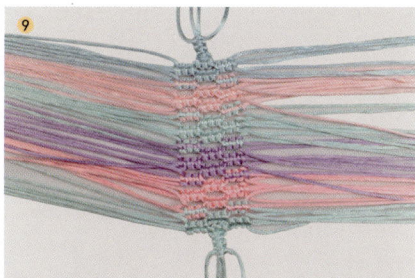

7~8. 将侧面 4 根线为一组编 3 层双平结。

9. 另外一边编法一样。

10. 将编好的结摆成如图样子。

11~12. 继续将相邻两平结间的 4 根线为一组各编 3 层双平结。

13. 以此类推，编到合适长度。

14~15. 另取 1 根 160cm 长的粉蓝色 5 号线，其余的线做绕线编斜卷结。

16. 共编 2 层。

17~18. 包的另一面编 3 层斜卷结。

19. 继续将绕线每 4 根为 1 组，各编 1 或 2 层双平结。

20. 翻过来将另外一面的余线剪断烧黏。

21. 另取 1 根 50cm 长的粉蓝色 5 号线做轴线，其余为绕线编 1 层斜卷结。

22~23. 继续将绕线每 4 根为 1 组，各编 2 层双平结。

24~25. 第 2 层两边各丢掉 2 根线，继续各编 2 层双平结。

26. 依次编到第3层。

27. 从边上取1根余线做轴，如图编1层斜卷结。

28. 除两边和中间的2根线外，其余剪断烧黏。

29~32. 中间余线如图编1根六耳团锦包饰。

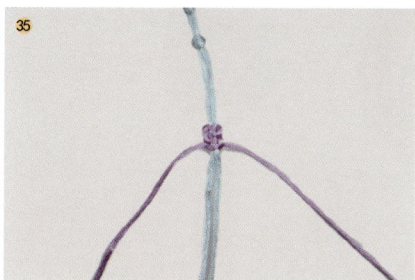

33. 两边的余线如图编 2 个双联结。

34. 如图将两边余线烧黏对接做包带。

35~36. 用剪断的粉紫色线头将包带编 2 层双平结，然后剪断烧黏，编若干个。

37. 作品完成。

梅花结蚊帐钩 ┈┈┈┈

　　梅花结蚊帐钩散发出特有的中国风气息，火红的色彩烘托喜庆气氛，愿它能带来好运哦！

材料：

银线：160cm1 根　30cm1 根

铁丝：20cm 1 根

塑料圈：1 个

红色 4 号线：30cm1 根

红色 5 号线：300cm1 根

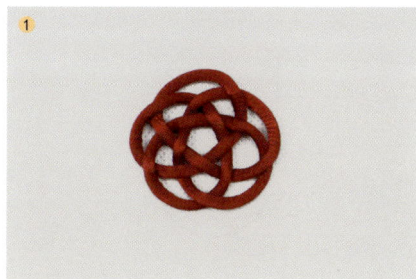

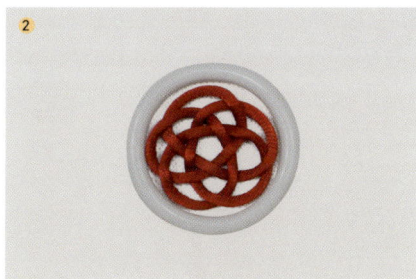

制作过程

1. 取 1 根 30cm 长的红色 4 号线编 1 个梅花结。

2. 另取 1 个塑料圈，梅花结的大小刚好可以放进塑料圈内。

3. 另取 1 根 300cm 长的红色 5 号线对折编双联结，留一个 1cm 的套。

4. 以云雀结的方式将塑料环包住，并在适当位置将梅花结连起来。

5. 如图编完后余线编 1 个双联结。

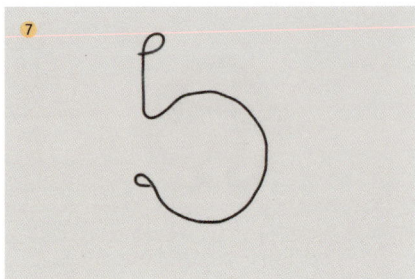

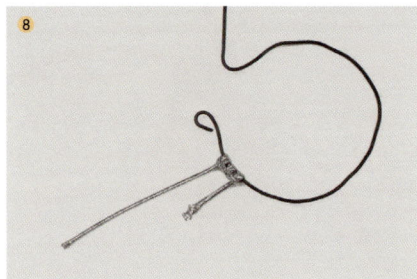

6. 用 1 根 30cm 长的银线顺着梅花结走一遍。

7. 做蚊帐钩。取 1 根 20cm 长的铁丝弯成钩状。

8~9. 另取 1 根 160cm 长的银线以云雀结方式将铁丝包起来。

10. 如图将圆环装饰和钩子连起来，作品完成。

团锦结蚊帐钩 ::::::

　　由团锦结、单平结、双联结、纽扣结组合编制而成的作品，让吉庆祥瑞的团锦结蚊帐钩装饰你的卧室吧，感受编织中国结的快乐。

材料:

铁丝：20cm1 根

塑料圈：1 个

红色 4 号线：30cm1 根

红色 5 号线：100cm1 根　200cm1 根

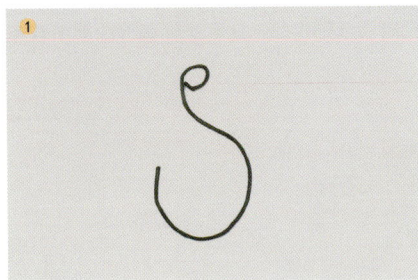

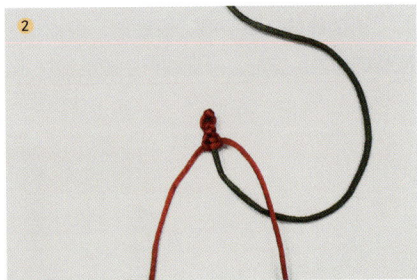

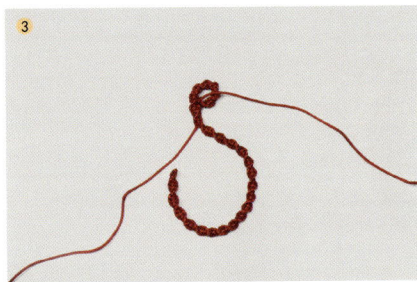

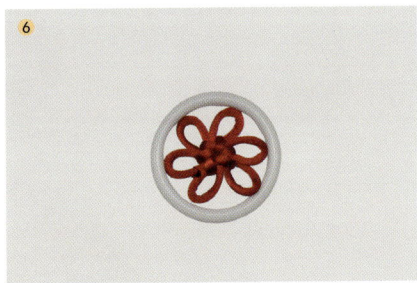

制作过程

1. 用 1 根 20cm 长的铁丝做成 1 个钩子，也可以直接买现成的钩子。

2~4. 另取 1 根 100cm 长的红色 5 号线以单平结方式将钩子包起来。

5~6. 用 1 根 30cm 长的红色 4 号线编 1 个六耳团锦结，大小刚可以放到塑料圈内。

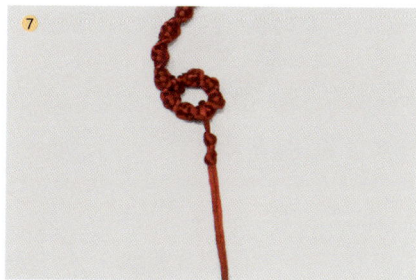

7. 另取 1 根 200cm 长的红色 5 号线穿过钩子的孔眼，对折编 1 个双联结。

8. 余线以雀头结方式将塑料环包起来。

9. 编到合适长度将团锦结连起来。

10~11. 编到一半位置，开始用另一根余下的线编。

12~13. 将塑料圈完全包住后，余线编 1 个双联结。

14~15. 余线继续编1个团锦结做装饰，调整好结型后编1个双联结。

16. 余下搓成绳子。

17. 最后如图编1个纽扣结，余线对接粘好，完成。